计算机
的神奇魅力

徐先玲　靳轶乔　编著

U0212903

中国商业出版社

图书在版编目（CIP）数据

计算机的神奇魅力 / 徐先玲，靳轶乔编著 .—北京：
中国商业出版社，2017.10

ISBN 978-7-5208-0057-0

Ⅰ . ①计… Ⅱ . ①徐… ②靳… Ⅲ . ①电子计算机—
基本知识 Ⅳ . ① TP3

中国版本图书馆 CIP 数据核字 (2017) 第 231625 号

责任编辑：唐伟荣

中国商业出版社出版发行
010-63180647　www.c-cbook.com
（100053　北京广安门内报国寺 1 号）
新华书店经销
三河市同力彩印有限公司印刷
*
710×1000 毫米　16 开　12 印张　195 千字
2018 年 1 月第 1 版　2018 年 1 月第 1 次印刷
定价：35.00 元
＊　＊　＊　＊
（如有印装质量问题可更换）

目录

contents

第一章 信息时代——计算机概述

第一节 循序渐进——计算机的起源与发展 ……………………………… 3

1. 诞生于战争硝烟中——第一代电子管计算机 ……………… 4

2. 晶体管代替庞大的电子管——第二代晶体管计算机 ……… 6

3. 减少热量到最低——第三代集成电路计算机 …………… 10

4. 缩小体积到微型——第四代大规模集成电路计算机 …… 11

5. 增加速度到最快——第五代微型电子计算机 …………… 13

6. 人机对话——第六代智能电子计算机 …………………… 14

7. 机械化人脑——第七代神经网络计算机 ………………… 15

第二节 思维敏捷——计算机的特点 ……………………………………17

1. 操作自动化——自动连续地高速运算 …………………… 18

2. 瞬间完成——快速运算的能力 …………………………… 18

3. 分毫不差——运算精度高 ………………………………… 20

4. 永久存储——具有超强的记忆能力 ……………………… 21

5. 思维——逻辑判断能力 …………………………………… 21

6. 万能——通用性强 ………………………………………… 22

第二章 软硬兼备——计算机的构成

第一节 运控存输——计算机的硬件 ······························· 24

  1. 计算机的大脑——主机 ······························· 25

  2. 外部设备——外部硬件 ······························· 41

第二节 重中之重——计算机软件 ······························· 56

  1. 维护计算机硬件软件资源——计算机系统软件 ······· 57

  2. 解决问题的程序——应用软件 ······················· 71

第三章 分工合作——计算机的工作原理

第一节 各司其职——计算机的工作原理 ······················· 76

第二节 分门别类——计算机的类型 ··························· 81

  1. 数据与模拟——按照计算机的数据处理方式分类 ······· 81

  2. 通用与专用——按照计算机的使用范围分类 ··········· 84

  3. 单核与双核——按照计算机 CPU 的不同分类 ··········· 85

  4. 纯平与液晶——按照计算机显示器的不同分类 ········· 86

第四章 实际操作——计算机的应用与维修

第一节 个性体现——计算机的应用领域 ……………………………… 91

　　1. 复杂的计算——数值计算 ……………………… 91

　　2. 信息管理员——信息处理 ……………………… 92

　　3. 生产自动化——过程控制 ……………………… 93

　　4. 工作好助手——辅助作用 ……………………… 94

　　5. 资源共享——网络应用 ……………………… 98

　　6. 办公自动化——文件处理 ……………………… 107

　　7. 人工智能——智能时代 ……………………… 111

　　8. 3D 打印——个人定制 ……………………… 117

　　9. 大数据——高效实用 ……………………… 119

第二节 细致入微——计算机的维修与保护 ……………………… 123

　　1. 有效排查——计算机维修注意事项 ……………………… 124

　　2. 小心呵护，延长寿命——计算机的保护 ……………………… 127

　　3. 找出故障，有的放矢——计算机维修的基本方法 ……………………… 130

第五章 喜忧参半——计算机网络与安全

第一节 世纪之光——计算机网络及发展 ……………………… 135

　　1. 有限范围——局域网 ……………………… 136

2. 全球范围——广域网 …………………… 142

第二节　未雨绸缪——计算机网络安全 …………………… 148

1. 隐患——计算机病毒的特点 …………… 151

2. 齐全——计算机病毒的类型 …………… 153

3. 重视——计算机病毒的预防和处理 ………… 154

第六章　知识拓展——计算机知识小百科

第一节　自主学习——计算机人文小百科 …………………… 161

1. 神奇的网络图书馆——计算机网络与图书馆的故事 ………… 161

2. 有趣的学习工具——计算机网络与学习 ………… 163

3. 自动化形象教学——计算机与教学 ………… 164

第二节　神奇小匠——计算机建筑小百科 …………………… 166

1. 快捷的装饰设计——计算机与家庭装饰 ………… 166

2. 楼房的好管家——时尚的"计算机"建筑 ………… 167

3. 快捷的建筑设计——建筑中的计算机应用 ………… 169

第三节　百花齐放——计算机的更多应用 …………………… 170

1. 物联网 …………… 170

2. 云概念 …………… 173

3. 自媒体 …………… 180

第一章

信息时代——
计算机概述

▲ 家用多媒体电脑

　　计算机对我们来说并不陌生，它是 20 世纪人类历史上最伟大的科技成果之一。它的出现使我们的生活发生了巨大的变化，给人类社会带来极大的方便，随着社会的发展它已经成为人们生活中不可或缺的一部分。目前有的中小学生的课程也开设了计算机科目，可见它对青少年的成长是多么重要。那么，关于计算机你真正了解多少呢？或许你会简单的基本操作使用，但是你并不知道它的原理，不能很清楚地说出它的起源和发展，以及和它相关的一些基本知识在工作生活中的实际运用。如果你对这些很感兴趣的话，就让我们一起走进计算机的世界，共同学习关于它的知识吧！

第一节　循序渐进——计算机的起源与发展

　　电子计算机又称电脑，是一种电子化的计算工具，是由早期的电动计算器发展而来的。在发展过程中分别经历了不同的阶段，每一个阶段的计算机都有属于自己的时代特性。

　　但是，关于计算机的起源却存在一些争议。有的人认为世界上第一台电子数字计算机于 1946 年问世，主要是用于计算弹道。它是由美国宾夕法尼亚大学莫尔电工学院制造的，体积庞大，占地面积达 170 多平方米，质量约 30 吨，消耗近 140 千瓦的电力。但是，有的人认为最早的电子数字计算机，是由美国爱荷华大学的物理系副教授约翰·文泰特阿坦那索夫和他的研究生克利福·贝瑞于 1939 年 10 月制造的"ABC"，也就是 Atanasoff-Berry-Computer 的英文缩写。并且他们认为，后来之所以会在 1946 年诞生新的电子数字计算机，是因为这台计算机的研究人员剽窃了约翰·文泰特阿坦那索夫的研究成果，并在 1946 年申请了专利，因此，人们都认为第一台计算机是于 1946 年才出现的。可喜的是，这个错误在 1973 年被纠正了过来。

▲　电子数字计算机

3

后来为了表彰和纪念约翰·文泰特阿坦那索夫在计算机领域内作出的伟大贡献，1990 年美国前总统布什授予约翰·文泰特阿坦那索夫美国最高科技奖项"国家科技奖"。

但是，我们要明白的是，第一台计算机的起源并不代表就是完整的、能应用的计算机的问世，真正的计算机的出现是经历了 4 个发展阶段的，是在一代、二代、三代、四代等计算机的不断更替中实现的。

■ 1. 诞生于战争硝烟中——第一代电子管计算机 ■

1946~1957 年为计算机的第一发展阶段。

第一代电子管计算机是在战争硝烟中诞生的，因为在第二次世界大战中，美国政府为了开发潜在的战略价值，所以想要发展计算机技术。虽然是出于战略目的，但是这同时也促进了计算机的研究与发展。1944 年霍华德·艾肯研制出全电子计算器，为美国海军绘制弹道图。这台计算器简称 Mark I，差不多有半个足球场那么大，它的体内含有 500 英里的电线，移动机械部件是使用电磁信号来完成的。它的速度很慢（差不多 3~5 秒才能进行一次计算），并且适应性也很差，只能用于专门的领域。但是，它既可以执行基本算术运算，也可以运算复杂的等式。这就是最早的计算机雏形。

1946 年 2 月 14 日，标志着现代计算机诞生的 ENIAC（英文 The Electronic Numerical Integrator And Computer 的缩写）在美

▲ 电子管计算机

国费城面世。ENIAC 代表了计算机发展史上的里程碑，它通过不同部分之间的重新接线编程，拥有并行计算能力。它是由美国政府和宾夕

▲ 第一代体积庞大的电子管计算机

法尼亚大学合作研制开发，由 1.8 万个电子管、7 万个电阻器以及其他电子元器件组成。它身上有 500 万个焊接点，耗电量达 160 千瓦。虽然耗电量比较大，但是运算速度却比 Mark I 快 1000 倍左右，因此它被称为第一台真正普通用途计算机。

其实，第一台电子管计算机的问世，还要感谢一位非常重要的人物，他就是冯·诺依曼。他于 20 世纪 40 年代中期参加了宾夕法尼亚大学计算机研制小组的工作，在 1945 年设计出离散变量自动电子计算机 EDVAC（英文 Electronic Discrete Variable Automatic Computer 的缩写），这种计算机能够将程序和数据以相同的格式一起储存在存储器中，这使

▲ 冯·诺依曼

得计算机可以在任意点暂停或继续工作。EDVAC结构的关键部分是中央处理器，它使计算机所有功能通过单一的资源统一起来。这一研究成果为第一代电子管计算机的诞生奠定了很好的基础，因此冯·诺依曼也被称为"电子计算机之父"。

那么，第一代电子计算机有什么特点呢？它的主要特点是操作指令是为特定任务而编制的，并且每种机器有各自不同的机器语言，因此，所具有的功能会受到限制，并且运行速度也比较慢。但是，它有一个标志性的特征，就是它使用真空电子管和磁鼓来进行数据的储存。第一台电子管计算机的外形很大，占地面积差不多有170平方米，重达30吨左右，有1.8万个电子管，采用十进制计算，每秒能运算5000次左右。

■ 2.晶体管代替庞大的电子管——第二代晶体管计算机 ■

1958~1964年是计算机的第二个发展阶段。

为了弥补第一代计算机的缺点，科学家们不断地努力探索，希望能够用一

▲ 第二代晶体管计算机

种比较小的元器件来代替电子
管，以便提高计算机的运行速度。
于是在 1948 年的时候，科学家
们发明了晶体管，它的出现大大
促进了计算机的发展。这是为什
么呢？因为研究人员发现，如果
能够用晶体管来代替体积庞大的
电子管，将使第一代计算机的升
级成为现实，这样不仅能够减小

▲　晶体管计算机庞大的工作室

第一代电子计算机的体积，而且还能够提高它的运行速度。

　　在 1956 年的时候，晶体管终于能够在计算机中使用了，它和磁芯存储器的
应用一起促成了第二代计算机的问世。与第一代电子管计算机相比，第二代晶
体管计算机的体积小、速度快、功耗低，
性能也变得更稳定。其实，晶体管的出
现并不是为第二代晶体管计算机做准备
的，它首先是被使用在超级计算机中的，
主要用于原子科学的大量数据处理。但
是，这些机器的价格太昂贵了，因此不
适宜大量生产，也就是说不可能普及起
来。而第二代计算机与它有很大的不同。
1960 年，第二代计算机被成功地应用
于商业领域、大学和政府部门。

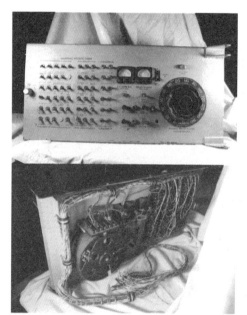

▲　晶体管计算机内部电子元件

　　第二代计算机所具有的优势，不仅
用晶体管代替了电子管，而且还具有现

▲ 晶体管计算机庞大的操作界面

代计算机的一些外部设备，例如打印机、磁带、磁盘、内存、操作系统等。计算机的储存程序使计算机有很好的适应性，可以更有效地应用于商业领域。并且，在这一时期也出现了更高级的 COBOL（面向商业的通用语言，又称为企业管理语言、数据处理语言等）和 FORTRAN（公式翻译器，是世界上最早出现的计算机高级程序设计语言，广泛应用于科学和工程计算领域）等语言，以单词、语句和数学公式代替了含混的二进制机器码，使计算机编程更加容易。这些新特点的诞生也促使了一些新的职业的出现，例如程序员、分析员和计算机系统专家等。

▲ 晶体管计算机可以输出打印文件

知 识 链 接

COBOL 与 FORTRAN 程序语言

COBOL（Common Business-oriented Language）语言是一种适合于商业及数据处理的、类似英语的程序设计语言。这种语言可使商业数据处理过程得到精确的表达，也是最早的高级编程语言之一，是世界上第一个商用语言。它最初由五角大楼委托格雷斯·霍波博士领导一个委员会主持开发，正式发布于1960年4月，称为Cobol-60。后来，随着计算机的不断发展与更新，它也在不断地完善与进步。

FORTRAN是英文"Formula Translator"的缩写，翻译成中文的意思为"公式翻译器"，它是世界上最早出现的计算机高级程序设计语言，被广泛应用于科学和工程计算领域。它是在1951年，由美国IBM公司的约翰·贝克斯针对汇编语言的缺点而着手研究开发的。历经3年，1954年在纽约正式对外发布。约翰·贝克斯提出的FORTRAN语言为FORTRAN I，虽然所具有的功能还比较简单，但是它的开创性工作已经在社会上引起了极大的反响。1957年，第一个FORTRAN编译器在IBM704计算机上开始使用，并且FORTRAN程序被成功运行。后来，随着科学和计算机技术的不断发展，FORTRAN语言也在不断更新。目前在Linux平台下，支持Fortran2003标准的编译器将被推出，新版本的SunStudio编译器也已经开始支持部分Fortran2003语法。

■ 3.减少热量到最低——第三代集成电路计算机 ■

1965~1970 年是计算机的第三发展阶段。

当计算机发展到晶体管计算机的时候，它所具有的功能与目前使用的计算机就有了一些相似。但是，它自身还是存在很多的缺点。为了能够让计算机更好地为人类服务，科学家们在第二代的基础上又研制了第三代计算机。

在第一代和第二代计算机中都存在着一个共同的弊端，就是在运行计算机的时候会产生大量的热量。因为没有很好的散热方法，时间久了就会使计算机内部的敏感部分烧毁，这让科学家们非常苦恼。后来，随着科学技术的发展，出现了集成电路IC,它是于1958年由美国得(得克萨斯)州的仪器工程师杰克·基尔(Jack Kilby)发明的。集成电路IC是将3种电子元件结合到一片小小的硅片上，这样就能产生、放大和处理各种模拟信号，并且能耗也比较低，不会产生太大的热量。因此，科学家们就根据集成电路IC的特点，将更多的元件集成到单一的半导体芯片上。这样不仅使计算机的体形变得更小，而且它所消耗的能量也

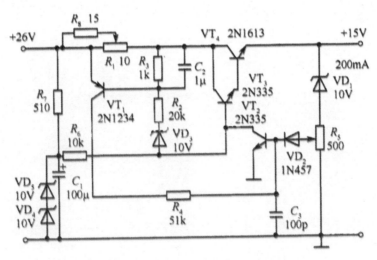

▲ 由分立元件走向集中统一的集成电路图

减少了，运行的速度与之前的计算机相比更快了。同时，更让科学家欣喜的是，利用集成电路后的计算机不会像第一代、第二代计算机那样产生那么多的热量。另外，除了集成电路的发展外，在这一时期还发展了操作系统，并且成功地在计算机上进行运用，这样就使得计算机在中心程序的控制协调下，可以同时运行许多不同的程序。因此，集成电路计算机比前面的两代计算机有了更好的发展。

▲ 集成电路计算机

4. 缩小体积到微型——第四代大规模集成电路计算机

1971~1997 年是计算机的第四发展阶段。

既然集成电路有那么多的好处，那么，如果能够大规模地应用集成电路会给计算机发展带来什么样的效果呢？在第三代集成电路的基础上，科学家们开始考虑这个问题。后来，经过他们的无数次试验，终于在集成电路的基础上扩大规模，研制出大规模集成电路，它能够在一个芯片上容纳几百个元器件。更令人惊奇的是，到了 20 世纪 80 年代的时候，

▲ 小型计算机

出现了超大规模集成电路 ULSI（英文 Ultra-large Scale Integration 的缩写），它能在一块小小的芯片上容纳几十万个元件。后来随着超大规模集成电路的不断发展，能够将运算数字扩充到百万级。

因此，大规模和超大规模集成电路的发展，使在硬币大小的芯片上容纳大量的元器件成为现实，从而也使计算机的体积大幅下降，从巨型计算机变成了小型，并且它的功能与可靠性也比前三代的计算机大大增强。

这种计算机于 20 世纪 70 年代中期问世，这时的小型计算机具有友好界面的软件包，并且还有供非专业人员使用的程序以及最受欢迎的文字处理、电子表格程序等。这一领域的先锋计算机有 Commodore、RadioShack 和 Apple Computers 等（Commodor、RadioShack、Apple Computers 是计算机的名称）。

随着计算机的不断发展，1981 年 IBM 推出个人计算机 IBM-PC，这是一种能够用于家庭、办公室和学校的小型计算机。1983 年 IBM 又推出了扩充机型 IBM-PC/XT，这一新产品的诞生引起了计算机业界的极大震动。其实，IBM 的成果一方面是与科学的飞速发展有关，另一方面也与它的先进工艺有关。当时，IBM 个人电脑所具有的特点是先进的设计（使用 Intel8088 微处理器）、丰富的软件（有 800 多家公司以它为标准编制软件）、齐全的功能（通信能力强，可与大型机相连）、便宜的价格（生产高度自动化，成本很低）等。因此，它能快

▲ IBM 推出个人计算机 IBM-PC

▲ 大规模集成电路计算机

速地占领市场，并且取代了号称"美国微型机之王"的苹果公司，成为微型计算机行业中的"老大"。

整个20世纪80年代是个人计算机发展最迅速的年代，无论从技术上还是从价格上，个人计算机的发展都充满了竞争，因此，计算机的价格不断下跌，数量也不断增加，体积不断缩小，功能不断增强。特别是在互联网出现之后，计算机的发展更是势不可当。它正慢慢地走上千家万户的书桌。

5. 增加速度到最快——第五代微型电子计算机

第五代微型计算机是在第四代计算机的基础上发展起来的，它是为了解决第四代的不足而出现的。它的关键是并行处理技术的应用，也就是说多个处理器之间的联网工作。那么，并行处理都有什么好处呢？在并行处理中，两个或者更多相互连接的处理器可以同时处理同一个应用程序的不同部分。但是要如何将待处理的问题划分开来，以便使多个处理器能够同时去处理同一个问题的不同部分呢？又如何将处理结果组

▲ 彩色显示器

合成完整的答案呢？这给研究者提出了一个难题。

然而，由于第五代计算机在速度方面具有一定的优势，因此，解决上述问题并不难。这也是并行处理技术能够快速发展的原因，它的出现为我们打开了一片全新的待开发的领域。另外，网络化也促进了多任务工作方式的发展，通过将分布式数据联网，不同的计算机处理器就可以并行运行多个应用程序，处理结果按序号完整组合。

计算机行业正在发生着翻天覆地的变化，视窗界面的开发可以使用户能够打开多个窗口，同时也能实现多个不同的应用程序相关联技术。因此，不管这些应用程序在网络上的什么地方，只要我们轻轻地一点鼠标就能操作这些程序，这使不同部门之间的并行工作成为可能。随着科学技术的不断发展，还将有第六代、第七代计算机的出现。

■ 6. 人机对话——第六代智能电子计算机 ■

自从电脑走进我们的生活以来，人们便利用它进行工作、学习以及做其他的事情。虽然第五代计算机已经具有了比前四代更加先进的功能，但是它依然无法满足人们的需要。随着科学技术的不断发展，第六代电子计算机应运而生，它也被称为智能电子计算机，是一种比第五代计算机更适合人们工作、生活使用的新一代计算机。

▲ 苹果智能电子计算机

那么，什么是智能计算机呢？其实它就是一种有知识、会学习、能推理的计算机，更神奇的是，它还具有理解自然语言、声音、文字和图像的能力，能够实现人机用自然语言直接对话。另外，它可以利用已有的和不断学习到的知识，进行思维、联想、推理，并得出结论，能帮助人类解决复杂的问题，具有汇集、记忆、检索等功能。智能计算机突破了传统的计算机的概念，运用许多新技术，把许多处理机并联起来，使它能够同时处理大量的信息，这样就大大提高了计算机的速度。它的智能化人机接口使人们不必再去编写程序，只需要发出命令或提出要求即可。只要接收到这样的指令，电脑就会自动完成推理和判断，并且进行解释。

7. 机械化人脑——第七代神经网络计算机

既然电子计算机可以具有人的特性，那么，是不是能够研制出一种可以模仿人的大脑判断能力和适应能力，并且还具有并行处理多种数据功能的神经网络计算机呢？答案是肯定的，这就是第七代计算机诞生的根本原因。第七代计算机与以逻辑处理为主的计算机不同，它本身能够判断对象的性质与状态，并能采取相应的行动，而且它可以同时并行处理实时变化的大量数据，并引出结论。前面几代计算机的信息处理系统只能处理条理清晰、经络分明的数据。而人的大脑活动具有能处理零碎、含糊不清信息的灵活性，第七代电子计算机具有和人类大脑差不多的智慧和灵活性。

我们知道，人的大脑约有140亿个神经元，并且与数千个神经元交叉相连，它的作用就相当于一台微型电脑。但是，人脑的运行速度要比电脑快得多，它每分钟的总运行速度相当于每秒1000万亿次电脑的功能，因此，如果能够制造出和人脑

▲ 互联网时代——地球村

差不多的神经网络计算机，计算机的运行速度将会得到更大的提高。那么，这样的电脑具有什么样的构造特点呢?

它是用许多微处理机来模仿人脑的神经元结构，并且采用大量的并行分布式网络来构成神经网络电脑。神经网络电脑除了有许多处理器外，还有许多类似神经的节点，而且每个节点与许多其他的点相连。如果把每一步运算分配给每台微处理器，它们同时进行运算的话，信息处理速度和智能将会大大提高。此外，神经网络计算机存储信息的方式与传统中的计算机是不一样的，它的信息不是存储在存储器中，而是存储在神经元之间的联络网中。假如有节点断裂，电脑仍有重建资料的能力，并且它还具有联想、记忆、视觉和声音识别功能。

目前，日本科学家已经开发出了神经网络计算机所要使用的大规模集成电路芯片，别看它个头小，却能实现每秒几亿次的运算速度。另外日本一家电器公司还推出了一套神经网络声音识别系统，运用这种系统能够识别出任何人的声音，正确率可以高达99.8%。

据说，美国研究出了由左脑和右脑两个神经块连接而成的神经网络电子计算机。在这台计算机中，右脑是经验功能部分，差不多有1万多个神经元，适合用来进行图像识别；左脑是识别功能的部分，含有约100万个神经元，适合用于存储单词和语法规则。

现在，纽约、迈阿密和伦敦的飞机场已经在使用神经网络电脑来检查爆炸物，每小时可以检查600~700件行李，能够检查出爆炸物的概率为95%，误差率仅为2%。由此可以看出，神经电子计算机将会广泛应用于各领域，因为它具有识别文字、符号、图形、语言以及声呐和雷达收到的信号，识别支票，对市场进行评估，分析新产品，进行医学诊断，控制智能机器人，实现汽车和飞行器的自动驾驶，发现、识别军事目标，进行智能指挥等功能。好像人类能够做的事情它也都能做到一样，甚至有些功能还超过了人类的能力。这不能不说是科学技术给人类送来的重大礼物！

第二节　思维敏捷——计算机的特点

从计算机的不同发展阶段中我们了解到，每一台计算机的诞生都是和它所处的时代有直接关系的，因此，这也造就了不同的计算机具有不同的时代特点。但是，无论什么类型的计算机，它们出现的主要目的是为人类服务的。那么，电子计算机到底具有哪些特别的地方呢？

■ 1.操作自动化——自动连续地高速运算 ■

我们知道，科学家研制计算机的主要目的是用它来进行计算，能自动连续地高速运算是计算机最突出的特点，也是它区别于其他计算工具的基本标志。那么，它为什么能够做到自动连续地高速运算

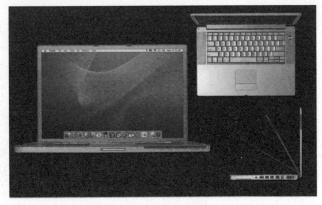

▲ 笔记本电脑

呢？这是因为计算机采用的是存储程序控制方式。也就是说，一旦我们输入编制好的程序，启动计算机后，它就能自动地执行下去。电子计算机也是一种机器，是机器就要由人来进行控制，但是人不用控制它的工作过程，只需要给它一个指令就能够使它很好地工作。当计算机开始工作以后，它自己会从存储单元中依次取出所需要的指令，用来控制操作，从而使人可以不必干预它的工作，实现操作的自动化。

■ 2.瞬间完成——快速运算的能力 ■

利用电子计算机能够进行数据很大的计算工作，并且它的运算速度非常快。或许这种感觉我们经常会遇到，在我们使用电脑的时候，无论要计算多大的数字量，只要把它们输入进去，点击一下鼠标就能马上得到我们想要的数据。为什么会这么神奇呢？

我们知道，电子计算机的组成采用了高速电子器件。因此，它能以极高的速度来进行数据的计算工作。目前所使用的普通微型计算机，每秒可执行几万条指令，对于功能好的计算机来说，甚至还能同时处理更多的指令。

随着电子计算机新技术的不断被开发，它的工作速度还在迅速提高。这不仅能够在很大程度上提高我们的工作效率，而且还能使许多复杂问题的运算处理有了实现的可能性，因此，电子计算机的发展为我们的工作和学习带来了很大的方便，是人类科技史上的一次重大飞跃。

知 识 链 接

电脑中的汉字

关于计算机的知识我们介绍了那么多，但是其中有一点或许你还不知道，那就是计算机起源于国外，开始的计算机语言都是英语。那么，后来电脑中的汉字是怎么来的呢？计算机的"汉语"是由谁发明的呢？他就是北京王码电脑公司、北京王码网公司的总裁—王永民。

▲ 王永民

1962 年，王永民以南阳地区高考第一名的成绩考入中国科技大学无线电电子学系，学习微波天线和激光技术。

1978~1983 年，他用了 5 年的时间研究并发明了被国内外专家评价为"意义不亚于活字印刷术"的"五笔字型"（王码）。他结合多学科的最新成果进行创造，提出了"形码设计三原理"，首先创造了"汉字字根周期表"，并且还发明了 25 键 4 码高效汉字输入法、字词兼容技术和五笔四级简码，这些发明在世界上首次突破汉字输入电脑每分钟 100 字大关，并因此获美、英、中 3 国专利。

1983年后，他又用15年的时间来进行推广、普及"五笔字型"，使它的用户覆盖率在国内高达90%以上。他曾经5次应邀赴联合国讲学，推动"五笔字型"在全世界的广泛影响和应用，为祖国赢得了荣誉。

1984年他荣获"五一劳动奖章""国家级专家""全国优秀科技工作者"等称号。1994年后，在他的不断努力下，又陆续发明了"98王码""阅读声译器""名片管理器"等5项独创性专利技术。

3. 分毫不差——运算精度高

利用电子计算机来进行运算毕竟和人脑有一定的区别，因此有的人肯定要问，电子计算机运算得那么快，它运算的结果可靠性高吗？其实，这一点是不需要我们担心的。因为，电子计算机的运算所采用的数据是由二进制数字来表示的。那么，什么是二进制呢？二进制是计算机技术中广泛采用的一种数制。它的数据是用0和1两个数码来表示的。它的基数为2，进位规则是"逢二进一"，借位规则是"借一当二"。二进制数据也是采用位置计数法，它的位权是以2为底的幂。

因此，它的运算精度主要是取决于数据表示的位数，一般称为机器字长。字长越长，表示它运算的精度越高。大部分的电子计算机的字长为8、16、32、64位等，有时候为了获得更高的计算精度，还可以进行双倍字长、多倍字长的运算。

4. 永久存储——具有超强的记忆能力

电子计算机能够一次性地处理那么多数据，如果是人脑的话一定被弄得晕头转向了，到最后肯定是什么也没有记住。而电脑为什么就能够记得住呢？比如你把一个文件写完之后，只要轻轻地点一下"保存"，正常的情况下，这个文件会被永久性地保存在电脑中。这是为什么呢？它为什么会有如此强的记忆功能呢？

原来，在计算机中有许多存储单元，它们都是用来记忆信息的。这些功能被称为电子计算机的内部记忆能力，是它与其他计算工具的一个重要区别。也正是由于它具有内部记忆信息的能力，因此，在运算的过程中就能够不必每次都从外部去摄取数据，而只需事先将数据输入到内部的存储单元中即可。当它在进行运算时，可以直接从存储单元中获得数据，从而大大提高了运算速度。电子计算机的记忆强弱与它的存储器容量的大小有关。存储器容量越大，它的记忆能力就越强。

5. 思维——逻辑判断能力

计算机不仅具有运算能力，而且还具有逻辑判断能力，例如判断一个数大于还是小于另一个数。有了逻辑判断能力，计算机在运算时就可以根据对上一步运算结果的判断，自动选择下一步计算的方法。这一功能使计算机还能进行诸如资料分类、情报检索、逻辑推理等具有逻辑加工性质的工作，大大扩大了计算机的应用范围。

那么，电子计算机为什么会有这种能力呢？

原来它是借助于逻辑运算来作出逻辑判断的，它能够分析命题是否成立，并且还可以根据命题的成立与否而采取相应的对策。例如，数学中有个"四色问题"，认为不论多么复杂的地图，如果想要使相邻区域颜色不同，那么最多只需 4 种颜色就够了。在很久以前，不少数学家就一直想去证明它或者推翻它，但是一直没有成功，这一问题也就成了数学中著名的难题。然而，有意思的是，1976 年两位美国数学家借助于电子计算机进行了非常复杂的逻辑推理验证，从而使这个困扰了数学家们近 100 年的问题终于被解决。同时，这也证明了计算机的逻辑运算能力是多么强大而精确。

■ 6.万能——通用性强 ■

在我们使用的工具当中，一般都是一种工具具有一种或者两种能力，而电子计算机却不一样，它的功能是通用的。在计算机上解题时，对于不同的问题，只是执行的计算程序不同。因此，计算机的使用具有很大的灵活性和通用性，同一台计算机能解决各式各样的问题，并且应用于不同的工作范围。

知 识 链 接

最早的键盘

其实，最早的键盘并不是应用在电脑上的，而是应用在打字机上。早在 1714 年，英、美、法、意、瑞士等国家的人就相继发明了各种形式的打字机，最早的键盘就是用在那些技术还不成熟的打字机上的。

到 1868 年，"打字机之父"——美国人克里斯托夫·拉森·肖尔斯，荣获打字机模型专利，并取得了它的经营权。在以后的几年中，他又设计出现代打字机的实用形式，并且还首次规范了键盘，这就是最早的"QWERTY"键盘。"QWERTY"键盘按照键盘最上端的字母排列顺序来命名，目前也是按照这个顺序来排列。

第二章

软硬兼备——
计算机的构成

▲ 计算机的主板

　　从上图中我们可以看到计算机的硬件构成，它是由主机、显示器、键盘、鼠标、音响以及光驱等构成的。但是，这只是从电脑的外部来看的。计算机的构成并不是单单指外部构成，而是包括硬件构成和软件构成。那么，什么是计算机的硬件和软件呢？

第一节　运控存输——计算机的硬件

　　计算机的硬件通常是指一切能够看得见、摸得着的设备实体，它位于计算机系统的最底层，是计算机系统的物质基础。那么，计算机的硬件部分都包含哪些装置呢？从整体上来分，计算机的硬件主要有两大部分，分别为主机和外部设备等。主机主要包括中央处理器与内存储器，外部设备包括外存储器、输入设备、输出设备以及其他部分。其中输入输出设备（显示器、键盘、打印机）是直接与用户打交道的硬件，而 CPU（中央处理器）等设备是不与用户直接接触的。

$$
\left.
\begin{array}{l}
\left.
\begin{array}{l}
运算器 \\
控制器 \\
存储器
\end{array}
\right\} 中央处理器 （CPU） \\
\left.
\begin{array}{l}
输入设备 \\
输出设备
\end{array}
\right\} 外部设备
\end{array}
\right\} 主机
$$

▲　计算机硬件的基本组成

1. 计算机的大脑——主机

计算机的主机是计算机硬件中主要的部分，它主要包括中央处理器、内存储器以及外部设备，外部设备包括输入与输出设备，例如键盘、鼠标、硬盘、显示器、打印机等。

（1）中央处理器

中央处理器的英文缩写 CPU，是由英文"Central Processing Unit"而来的，也称中央处理单元，主要由控制器和运算器组成。微型计算机的中央处理器在一个芯片上，称为微处理器。它是计算机的核心部分。通常它的型号决定了整个计算机的型号和基本性能。例如 CPU 是 80386 的计算机，就被称为 386 微机，如果 CPU 是 80486 的计算机，就被称为 486 微机，还有我们以前常说的奔腾等，也是根据

▲　AMD 中央处理器

▲ 64M 缓存的 AMD 中央处理器

CPU 来命名的。

中央处理器对于计算机的作用就像大脑对于人的作用一样重要，因为它要负责处理、运算计算机内部所有的数据。另外，它上面的主板芯片组就好比是人的心脏一样，控制着计算机内部数据的交换。再者，CPU 的种类决定了所使用的操作系统和相应的软件。

那么，什么是 CPU 的性能指标呢？它的性能指标主要有主频、外频、前端总线（FSB）频率、CPU 的位和字长、倍频系数、缓存以及 CPU 扩展指令集，等等。为了能使大家对它有更进一步的了解，我们将选取其中的几项比较重要的性能指标来进行讲解。

▲ 奔腾 4 中央处理器

① 主频

主频也叫时钟频率，单位是"兆赫兹"，用 MHz 来表示，或者"吉赫兹"，用 GHz 表示。主频是用来表示 CPU 的运算、处理数据的速度。一般来说，CPU 主频＝外频 × 倍频系数。那么，这是不是代表主频就是衡量 CPU 运行速度的主要因素之一呢？其实，这样理解是片面的。如果这样来理解的话，

▲ 奔腾处理器标志

对于计算机的服务器来讲，也出现了偏差，因为到目前为止，还没有一条确定的公式能够确定主频和实际的运算速度两者之间的数值关系，在这一点上还存在着很大的争议。

其实，CPU 的主频与 CPU 实际的运算能力之间是没有直接关系的。虽然主频是表示 CPU 的运算与处理数据的速度，但是它一般表示 CPU 内数字脉冲信号震荡的速度。例如在 Intel 的处理器产品中，1 吉赫兹"奔腾"芯片所

▲ AMD64 兆缓存 CPU 标志

表现出来的运行速度与 2.66 吉赫兹"至强 / 皓龙"（专为服务器、工作站而设计的处理器）一样快，或是 1.5 吉赫兹奔腾 2（专为要求苛刻的企业和技术应用而设计，是瞄准高端企业市场的）大约与 4 吉赫兹"至强 / 皓龙"一样快。由此可以得出，CPU 的运算速度并不是只靠主频来决定的，它仅仅是 CPU 性能表现的一个方面，而不代表 CPU 的整体性能，要看 CPU 的速度，还要结合 CPU 的流水线、总线等各方面的性能指标。

②外频

我们知道主频是衡量 CPU 运算速度的一个方面，那么，外频和 CPU 是什么关系呢？它是 CPU 的基准频率，用"兆赫兹"（MHz）来表示，它决定着整块主板的运行速度。一般来说，台式机中的超频，都是指超 CPU 的外频，因为对于服务器 CPU 来说，超频是绝对不允许的。CPU 是主板上的主要元器件，所以它决定着主板的运行速度，并且两者的运行是同步的，如果服务器 CPU 超频，就会改变外频，从而会产生与主板运行不同步的现象。这样就会造成整个服务

▲ 两大 CPU 生产商长期竞争

器系统的不稳定，造成计算机不能正常运行。

由此我们了解到，外频是内存与主板之间同步运行的速度标志，并且目前绝大部分电脑系统都是用外频来做 CPU 的基准频率的。另外，在这种方式下，CPU 的外频可以直接与内存相连通，实现两者间的同步运行状态。不过，有时候外频与前端总线（FSB）频率很容易被人们认为是同一频率，其实不是这样的。那么，什么是前端总线频率呢？下面就让我们来了解一下前端总线。

③前端总线（FSB）频率

前端总线（FSB）频率也被称为总线频率，是能够直接影响 CPU 与内存交换数据速度的主要因素。前端总线频率可以用公式来进行计算：前端总线频率 = 数据带宽 ×8 数据位宽。其中，数据传输最大带宽取决于所有同时传输的数据的宽度与传输频率。

上面我们提到，外频和前端总线频率很容易被混淆，那么，它们之间有什么区别呢？首先，前端总线的速度指的是数据传输的速度，外频是 CPU 与主板之间同步运行的速度。也就是说，100 兆赫兹外频特指数字脉冲信号在每秒钟震荡 1 亿次，而 100 兆赫兹前端总线指的是每秒钟 CPU

▲ AMD 中央处理器

可接受的数据传输量是 100 兆赫兹 × 64 字节 ÷ 8 字节 =800 兆字节 / 秒。

④ CPU 的位和字长

计算机采用的是二进制编码，因此，在表示二进制数据的时候就要用到单位，那么这些单位是什么呢？它们就是位和字长。

"位"一般用在数字电路和

▲ 计算机的核心——CPU

电脑技术中的二进制数系统中，是数据存储的最小单位。二进制数的代码只有"0"和"1"，因此，无论"0"还是"1"在 CPU 中都表示是一"位"。除了能用位（bit）来表示二进制数外，还可以用字节（Byte）来表示，它们之间的换算是 8 位等于一个字节（8bit = 1Byte）。另外，计算机中的 CPU 位是指 CPU 一次能处理的最大位数，例如 32 位计算机的 CPU 一次最多能处理 32 位数据。

"字长"指在计算机技术中，CPU 在单位时间内或者同一时间内，一次能处理的二进制数的位数。例如，能一次性处理字长为 8 位数的 CPU 通常就叫 8 位的 CPU。在单位时间内处理字长为 32 位的二进制数据就被称为 32 位的 CPU。

我们知道，字节是能够和位进行换算的单位，那么，字节和字长之间有没有关系呢？一般我们常用的英文字符用 8 位二进制数就能表示，因此，通常我们把 8 位二进制数称为一个字节。但是，字长的长度是不固定的，对于不同的 CPU 来说，它的字长长度也不一样。8 位的 CPU 一次只能处理一个字节，而 32 位的 CPU 一次就能处理 4 个字节，同理，字长为 64 位的 CPU 一次可以处理 8 个字节。

⑤倍频系数

CPU 主频与外频之间的比例关系被称为倍频系数。因此，在外频相同的情况下，CPU 的频率越高倍频也越高，它们之间成正比例关系。不过，如果外频相同，高倍频的 CPU 本身变化就没有多大的意义了。这是因为 CPU 与系统之间数据传输速度是有限的，一味追求高倍频而得到高主频的 CPU 就会出现明显的"瓶颈"效应，也就是说 CPU 从系统中得到数据的极限速度不能够满足 CPU 运算的速度。一般除了工程样版的 Intel 的 CPU 都是锁了倍频的，而 AMD 之前都没有锁，后来 AMD

推出了黑盒版 CPU，也就是不锁倍频版本，用户可以自由调节倍频，调节倍频的超频方式比调节外频稳定得多。

⑥缓存

计算机的存储是我们都比较熟悉的，那么，缓存是怎么回事呢？其实，缓存也是 CPU 的重要指标之一，并且缓存的结构和大小对 CPU 速度的影响也非常大，因为 CPU 内缓存的运行频率极高，一般是和处理器同频运作的，工作效率远远大于系统内存和硬盘。在 CPU 实际工作时，常常需要重复读取同样的数据块，但是，如果没有一定的容量是不能够做到这样一步的。而缓存能够使容量增大，这样就可以大幅度提升 CPU 内部读取数据的精确率，并且不用再到内存或者硬盘上寻找，从而提高系统性能。

从 CPU 芯片面积和成本的因素来考虑，缓存都比较小。一般缓存可以分为

3个级别，分别是一级缓存、二级缓存、三级缓存。

一级缓存是指CPU第一层高速缓存，它又包括数据缓存和指令缓存，内部所具有的高速缓存容量和结构，对CPU的性能有很大的影响。不过高速缓冲存储器都是由静态随机存取内存所组成的，结构比较复杂。如果CPU管芯的面积不够大，一级高速缓存的容量也不会太大。它的缓存容量一般在32~256KB（千字节，1KB等于1024B）。

二级缓存指的是CPU的第二层高速缓存，包括内部和外部两种芯片。内部的芯片所具有的二级缓存运行速度与主频是相同的，而外部的芯片所具有的二级缓存只有主频的一半。二级高速缓存容量与CPU性能之间的关系成正比，也就是说越大越好。回想一下过去的家用电脑的CPU容量，最大的也只是512KB，而目前的笔记本电脑就能达到2M，更何况是服务器和工作站上所使用的CPU所具有的二级高速缓存，它的容量更大，有的甚至能够达到8M以上。

三级缓存一般分为两种，最早期的是外置，而目前的是内置。应用三级缓存不仅能够进一步降低内存延迟，而且还能在进行大量数据计算时提升处理器的性能。这一特点对计算机中所涉及的游戏部分很有帮助。另外，在服务器领域运用三级缓存，能够很好地提升服务器的性能。例如，具有较大三级缓存的处理器，能够提供更有效的文件系统缓存行为，并且对于比较短的消息和处理器队列的长度也有一定的帮助。

⑦ CPU 扩展指令集

计算机的工作原理就是靠指令来工作的，就像我们的身体一样，肢体的运动也是靠大脑来发号施令的。我们知道，CPU 是电脑的核心，那么，它靠什么工作呢？

CPU 是依靠指令来计算和控制系统的，不同的 CPU 在设计的时候就规定了一系列与硬件电路相配合的指令系统。因此，指令的强弱是 CPU 的重要指标，并且还是提高微处理器效率的最有效工具之一。

CPU 的指令集可以分为复杂指令集和精简指令集两个部分，在实际的运用中，这些 CPU 的扩展指令集能够增强 CPU 的多媒体、图形图像和 Internet 等的处理能力。另外，通常会把 CPU 的扩展指令集称为"CPU 的指令集"。SSE3 指令集（多数据扩展指令集 3）是目前规模最小的指令集，此前 MMX（多媒体扩展的缩写）包含有 57 条命令，SSE（多数据扩展）包含有 50 条命令，SSE2（多数据扩展指令集 2）包含有 144 条命令，SSE3（多数据扩展指令集 3）包含有 13 条命令。

关于中央处理器还有一

▲ 台式电脑

些其他的性能指标，比如 CPU 内核和 I/O 工作电压、制造工艺等，不过与以上的性能指标相比没有那么重要罢了。

计算机的发展是一个"体积由大变小，功能由小变大"的过程。其实，在计算机的转变过程中，最重要的变化就是它的心脏——CPU 的变化。那么，CPU 是怎么一路发展到现在的水平呢？

首先是 X86 时代的 CPU。

1978 年，Intel（英特尔）公司首次生产出 i8086 的微处理器。它是一种 16 位的微处理器，并且，与它一起诞生的还有和它相配套的数学协处理器，命名为 i8087。虽然这两种芯片使用的指令集是能够相互兼容的，但在 i8087 指令集中增加了一些专门用于对数、指数和三角函数等数学计算的指令。也正因为如此，人们又称这些指令集为 X86 指令集，但是，这种指令集不是最好的，以后 Intel 公司又陆续生产出第二代、第三代等更为先进和更快捷的新型 CPU，并且还都能兼容第一代的 X86 指令。因此，Intel 在后来研制出的 CPU 的命名上仍然沿用了原先的 X86 序列，例如后来出现的 286、386、486、586 等。

到 1979 年的时候，Intel 公司又推出了 8088 芯片，不过它仍然是 16 位微处理器。在它的内部含有 2.9 万个晶体管，时钟频率为 4.77 兆赫兹，地址总线为 20 位，并且有 1 兆内存可使用。1981 年 8088 芯片首次被用于 IBM 公司的 PC 机中，由此开

▲ 计算机主板

创了全新的微机时代。也正是从 8088 开始，PC 机也就是个人计算机的概念才开始在全世界范围内发展起来。

1982 年，Intel 公司推出一款具有划时代意义的最新产品——80286 芯片，该芯片与 8006 和 8088 相比，是一次飞跃。虽然它也是 16 位结构的，但是 CPU 内部的晶体管已经达到 13.4 万个了，并且时钟频率由最初的 6 兆赫兹逐步提高到 20 兆赫兹。另外内外部的数据总线也都是 16 位，地址总线是 24 位，内存增大到 16 兆。从 80286 开始，CPU 的工作方式发生了改变，由原来的一种演变成两种，也就是实模式和保护模式。

1985 年，Intel 又推出了 80386 芯片，它是 80X86 系列中的第一类 32 位微处理器，并且它的制造工艺与以前的处理器相比也有了很大的进步，它的内部含有 27.5 万个晶体管，时钟频率为 12.5 兆赫兹，后来又逐渐提高到 20 兆赫兹、25 兆赫兹、33 兆赫兹等，每一次的提升都是一个进步的表现。它的内外部数据总线都是 32 位，地址总线也是 32 位，此时的内存已经增加到 4GB（4GB=1024×4 兆）。

80386 芯片除了具有实模式和保护模式外，还具有一种叫虚拟 86 的工作方式。这种工作方式可以通过同时模拟多个 8086 处理器来提供多种任务能力。随着科学技术的不断发展，Intel 公司又陆续推出了一些其他类型的 80386 芯片，例如 80386SX、80386SL、80386DL 等。

▲ 80386 中央处理器

1990 年，Intel 公司又推出了 80486 芯片，它是该类型中价格最低的一种机型，与 80486DX 相比它没有数学协处理器。并且时钟频率采用了时钟倍频技术，也就是芯片内部的运行速度比外部总线运行速度要快两倍，不过没有改变原来时钟与外界通讯的速度。后来在 80486DX 的基础上又研制出了 80486DX2，它的内部时钟频率主要有 40MHz、50MHz、66MHz 等。另外，延伸的 80486DX4 也采用了时钟倍频技术的芯片，时钟频率为 100MHz，它允许芯片内部的运行速度比外部总线的运行速度快两倍或三倍。并且为了支持这种提高了的内部工作频率，芯片内高速缓存也扩大到 16 兆。80486DX4 的运行速度比 66MHz 的 80486DX2 快 40% 左右。

其次是 Pentium 时代的 CPU。

1992 年 10 月 20 日，在纽约第十届 PC 用户大会上，葛洛夫正式宣布 Intel 公司推出的第五代处理器被命名为 "Pentium"。很多人都非常疑惑，为什么不接续以前的命名规律把它命名为 "586" 呢？原来，它具有以前的计算机处理器所不具备的新型功能。另外一个原因就是为了能和其他公司的产品来进行区分，因此才为它取名为 "Pentium"。这一举动出乎许多人预料，并引起了很大的轰动。

Pentium 的中文意思是 "奔腾"，代表处理器的强大处理能力和高速性能。它的频率有 60、66、75、90、100、120、133、150 赫兹等，并且所有的 "奔腾" CPU 内部都装有 16 位的一级缓存。在后来出现的 PentiumPro 中，一个二级缓存芯片就有 256 兆，并且它和 CPU 之间用高频宽的内部通讯总线互连，处理器与高速缓存的连接线路也被安置在其中，这样能够使高速缓存更容易地在更高的频率上运行。当然，随着技术的不断进步与

▲ 奔腾第 4 代 CPU

▲ 中央处理器标志

研究人员的不断努力，奔腾Ⅲ也在不断地更新换代，从奔腾 MMX、奔腾Ⅱ、奔腾Ⅲ以及后来更先进的发展，都说明了处理器是在不断地更新换代的。

1955 年的时候，AMD 公司开始对抗奔腾Ⅲ，推出了 K6-3 处理器。这款处理器采用的是三层高速缓存结构，内部设有 64 位的第一级高速缓存及 256 位的第二级高速缓存，并且在主板上还配置了第三级高速缓存。K6-3 处理器还支持增强型的指令集。令人遗憾的是，由于某种原因 K6-3 处理器在台式机上的运用并不是很成功，这也是它逐渐从台式机市场消失、转入笔记本市场的主要原因。

其实，K6-3 处理器并不是 AMD 公司的最大成就，真正让 AMD 公司骄傲的是 K7 的 Athlon 处理器的出现。它具有超标量、超管线、多流水线的核心，采用的是 0.25 微米的工艺，内部总共含有 2200 万个晶体管，并且它还包含有 3 个解码器、3 个整数执行单元、3 个地址生成单元以及 3 个多媒体单元，可以在同一个时钟周期同时执行 3 条浮点指令，每个浮点单元都是一个完全的管道。

另外，它的内部设有 128 位的全速高速缓存，芯片外部是 0.5 时频率以及 512 兆容量的二级高速缓存，由于它的缓存比较大，所以能够进一步提高服务器系统所需要的庞大数据。

最后是新世纪的 CPU。

CPU 的发展速度也就是计算机的发展速度，当科学技术迈进了新世纪之后，CPU 也跟着有了很大的变化，终于突破了 1 吉赫兹的大关，走向了新的世界。俗话说，没有竞争就没有进步。的确，在市场激烈的竞争下，促使了新产品的不断问世。其中，竞争最激烈的是 Intel 公司与 AMD 公司，它们分别推出了 Pentium4、Tunderbird、AthlonXP 和 Duron 等处理器。

▲ "Pentium4" CPU

Pentium4 是 2000 年 11 月由 Intel 旗下发布的第四代 Pentium 处理器。它没有沿用奔腾 Ⅲ 的架构，而是采用了全新的设计理念，包括等效于 400 兆赫兹的前端总线、SSE2 指令集、256 位、512 兆的二级缓存、全新的超管线技术以及以 1.3 吉赫兹为起步频率等。

面对 Intel 公司的累累硕果，ADM 公司也不甘示弱，它在 2000 年发布了第二个 Athlon 核心——Tunderbird 处理器，与以前的产品相比，首先是改进了制造工艺，其次是改变了安装界面，最后是将二级缓存改为 256 兆，但是速度和 CPU 还是同步的。它在性能上要比奔腾 Ⅲ 领先，并且它的最高主频也一直比奔腾 Ⅲ 的要高。另外，它还是第一款首先达到 1 吉赫兹频率的 CPU。

然而，随着 Intel 公司推出了 Pentium4，ADM 公司的 Tunderbird 开始在频率上落后于对手。为了能够迎头赶上，AMD 公司

▲ Palomino 核心正面安插图

又发布了第三个 Athlon 核心——Palomino 处理器，此 CPU 采用了最新的频率标称制度，也正因如此，Athlon 型号上的数字并不代表它的实际频率，如果要达到 Pentium4 的频率还要根据一个公式换算才能得到。另外把原来的名字也改为 AthlonXP。例如 AthlonXP1500+ 处理器实际频率并不是 1.5 吉赫兹，而是 1.33 吉赫兹。并且 AthlonXP 还兼容 Intel 的 SSE 指令集，在专门为 SSE 指令集优化的软件中也能充分发挥性能。

另外，对于低端 CPU，AMD 公司还推出了 DuronCPU，它的基本架构和 Athlon 一样，只是二级缓存，只有 64 兆。Duron 的优点是，实用、价格低廉，因此它一时间成为低价组成兼容机的首选。不过 Duron 也有它致命的弱点，由于它和 Athlon 的基本构架一样，所以继承了 Athlon 发热量大的特点，并且它的核心也很脆弱，很容易烧坏 CPU 散热器。

知识链接

计算机使用最忌的小动作

1. 大力敲击回车键

回车键通常是我们完成一件事情时，最后要敲击的一个键。有的人大概是出于一种胜利的兴奋感，在输入回车键时总是喜欢大力而爽快地敲击。键盘报废的主要原因之一就是大力敲击回车键。

2. 使用键盘时吃零食、喝饮料

有的人的计算机键盘拆开后，饭粒、饼干渣、头发等比比皆是，这样的碎片可能堵塞键盘上的电路，从而造成输入困难。饮料的危害就更加厉害了，一次就足以毁灭键盘。

（2）内存储器

虽然 CPU 是计算机硬件的核心部分，但并不是指它能够独立进行工作，它也需要与其他的设备相连才能运行。而内存储器就是直接与 CPU 相联系的存储设备，是微型计算机工作的基础，位于计算机的主板上。

一般来说，对于常用的微型计算机，它的内存储器有磁芯存储器和半导体存储器两种。目前大部分的微型计算机的内存都使用的是半导体存储器。从使用功能上来区分，又可以分为随机存储器（Random Access Memory，简称 RAM）、只读存储器（ReadOnly Memory，简称 ROM）。

①随机存储器

随机存储器是计算机工作的存储区，一切要执行的程序和数据都要先装入该存储器内，且在需要的时候能够从该设备中读取数据或者写入数据。当 CPU 工作的时候，能够直接从 RAM 中读取数据，而 RAM 中的数据来自外存，并且会随着计算机工作的变化而变化。

随机存储器具有两个突出的特点，一是存储器中的数据能够反复使用，只有向存储器写入新数据时，存储器中的内容才会被更新；二是随机存储器中的信息会随着计算机的断电而自然消失。随机存储器在计算机处理数据时就相当于一个临时存储区，如果想要将数据长久地保存起来，必须将它们保存到外存储器中。

随机存储器是一种既可以读出，也可以写入的存储器。并且在读出的时候并不会损坏原来存储的内容，只有在写入的时候才会修改原来所存储的内容。另外，随机存储器可以分为动态（DRAM）

和静态（SRAM）存储器两种。DRAM 的特点是集成度高，主要用于大容量内存储器，而 SRAM 的特点是存取速度快，因此主要用于高速缓冲存储器。

②只读存储器

只读存储器是只能从该设备中读取数据，而不能往里写入数据的存储器。它的主要特点是只能读出原有的内容，不能由用户再写入新内容。并且，原来存储的内

▲ CD-ROM 光驱

容采用一次性写入，能够永久性地保存下来。一般用来存放专用的固定程序和数据。在突然断电的时候不会丢失数据。也正是因为这样，存储在它里面的数据需要设计者和制造商事先编制好固定的程序，使用者不能随意地更改。它主要用于检查计算机系统的配置情况并提供最基本的输入与输出控制程序。例如 CD-ROM 光驱就是只读存储器的一种。

知识链接

世界上的第一张软盘

1967年，IBM 公司推出世界上第一张软盘，它的直径为 32 英寸。1971年，该公司又推出一种直径为 8 英寸的软盘，它是表面涂有金属氧化物的塑料质磁盘，它的发明者是艾伦·舒加特。这张软盘就是我们常说的标准"软盘"的父辈。

2. 外部设备——外部硬件

计算机硬件中的外部设备主要包括外存储器（软盘、硬盘、光盘、磁带）、输入设备（键盘、鼠标、光笔、图形扫描仪等）、输出设备（显示器、打印机、绘图仪等）以及其他部分（网卡、调制解调器、声卡、显卡、视频卡等）。

▲ 文件存储——软盘

（1）外存储器

外存储器也就是外存，也称为辅助存储器，是内存的延伸，它的主要作用是长期存放计算机工作所需要的系统文件、应用程序、用户程序、文档和数据等。当 CPU 需要执行某部分程序和数据时，由外存调入内存以供 CPU 访问。由此我们可以知道，外存的作用是扩大存储系统的容量。

外存储器主要包括软盘、硬盘、光盘以及磁带等，它们既属于输出设备又属于输入设备。软盘、硬盘、光盘是微型计算机使用的主要存储设备，一般来说，任何一台计算机都要有一个软盘、一个硬盘和一个光盘。那么，它们对计算机分别起到哪些作用呢？

首先是软盘，它是由 3 个部分组成的，

▲ 1.44M 软盘

▲ 可读写的软盘外部结构

分别是软盘、软盘驱动以及软盘适配器。软盘是活动的存储介质，软盘驱动器是读写装置，软盘适配器是软盘驱动器与主机相连的接口。

虽然软盘是一种可装卸、携带比较方便的磁盘，但是它的存取速度比较慢，容量也比较小。它作为一种可移动的储存方法，适合用于那些需要被物理移动的小文件。

按照尺寸可以把软盘分为 8 英寸、3.5 英寸等，3.5 英寸软盘的存储容量为 1.44 兆。那么，软盘是怎样存储信息的呢？它是按磁道和扇区来存储信息的。磁道是由外向内的一个个同心圆，从外向内圆圈越来越小，每个磁道又能分成几个扇区，而每个扇区又能划分成几个字节。例如，1.44 兆软盘上有80 个磁道，每个磁道有 18 个扇区，每个扇区又有 512 个字节，每个磁盘都有两面。

那么，软盘是如何来工作的呢？其实，软盘的工作是要通过软盘驱动器来实现的。当软盘插入软盘驱动器后，驱动器的电机就通过离合器来带动盘片在封套内旋转，在封套上有一个读写槽，磁盘上的磁头通过读写槽沿着磁道移动而进行读写。我们生活中见到的唱片机或者 VCD 机等就是这样来工作的。

其次是硬盘，硬盘是由一个或者多个铝质或者玻璃质的碟片组成，它们中的大部分都是固定的硬盘，被置于主机箱内的硬盘驱动器中，是一种涂有磁性材料的磁盘组件，用于存放数据。

硬盘与软盘不同，虽然在它上面也有磁道、扇区以及读写磁盘，但是它们之间是有一定区别的。比如说，一个硬盘可以有一到十张甚至更多的盘片，所有的盘片被串在一根轴上，两个盘片之间仅留出安置磁头的距离，而软盘只有一张盘片，并且有不同的磁道。硬盘的存储容量取决于它的磁头数、柱面数以及每个磁道的扇区数。

▲ 硬盘内部构造

另外，不同的硬盘之间的容量也是不相同的。主机和硬盘有很大的关系，因此在安装新的磁盘后，需要对主机进行硬盘类型的设置。此外，当计算机发生故障时也需要对磁盘类型进行重新设置。

那么，硬盘都有哪些种类呢？常用的硬盘有固定式和抽取式两种。固定式是固定在主机箱内，容量在40GB~1TB（1GB=1024MB）之间的磁盘；而抽取式是和软盘比较相似的，只是存储速度和容量比软盘大的磁盘。它的容量一般为160G，500G等不同规格，适用于备份数据的存储，但是没有固定式硬盘的使用率高。

一般衡量硬盘的性能通过存储容量、速度、访问时间以及平均无故障时间等来衡量。另外，一张硬盘在使用之前也要注意对硬盘的低级格式化、分区以及高级格式化，因为只有做到这三点，才能保证硬盘正常工作。我们知道，目前使用的硬盘都非常小，可是在计算机刚问世的时候，硬盘的体积有两台冰箱那么大！并且它的容量也非

▲ 光盘

常小，大约只有5MB。硬盘的基本架构真正被确立是在1973年IBM3340问世的时候，那时这台计算机的硬盘容量有30MB。随着计算机不断地更新换代，目前使用的硬盘的容量已经大大增加。现在已经有1TB、4TB的硬盘。

▲ 辅助设备光驱可读盘文件

最后是光盘。光盘是利用光学方式进行读写信息的存储设备，主要由光盘、光盘驱动器以及光盘控制器组成。

光盘最早是用于激光唱片机和影碟机，后来由于多媒体计算机的问世，光盘存储器就被应用到微型计算机中了。它也是一种存储信息的介质，按用途可以把它分为只读型光盘和可重写型光盘两种。只读型光盘包括只读型和只写一次型光盘。只读型是不能改变的、由生产厂家预先写好的数据，它只能用来存储文献和不需要修改的信息。只写一次型光盘的特点是可以由用户写信息，但是只能写一次，并且写入后永远不能再改变。可重写型光盘是类似于磁盘的一种光盘，能够重复地读写，它的材料与只读型光盘有很大的不同，是一种磁光材料。

那么，不管是只读型的还是可重写型的光盘，它们虽然有一些区别，但是都属于光盘的范畴，因此它们所具有的特点是存储容量大、可靠性比较高，只要介质不发生问题，光盘上的信息就永远存在。

（2）输入设备

输入设备，顾名思义就是能够往计算机内部输入系统文件、用户程序、文档、运行程序所需要的数据以及其他信息的工具。常用的输入工具有键盘、鼠标、扫描仪以及光笔等。

①键盘

键盘对我们来说一点也不陌生，无论我们在哪个阶段接触到计算机，我们首先摸到的就是键盘，它就像打开计算机的一把钥匙一样，实现我们与计算机之间的"交流"。那么，键盘是怎样来工作的呢？

▲ 笔记本电脑键盘

我们知道，键盘是微型计算机的主要输入设备，是实现人机对话的重要工具。通过它可以往计算机内输入文件、程序、数据以及操作指令等，同时也能对计算机起到一个控制的作用。

从结构上来看，它的内部配置有一个微处理器，主要是用来对键盘进行扫描、生成键盘扫描码和数据转换的。

以前的键盘主要是以83键（键盘总共有83个键）为主的，后来，随着视窗系统的流行，83键的键盘已经被淘汰了。现在使用的主要是101键和104键的键盘，并且在市场上占据主流地位。在83键和101键、104键之间也曾出现过102键、103键的键盘，但是这些键盘都没有形成什么气候。近年来，随着多媒体计算机的出现，104键的键盘也在被广泛地使用，与传统的键盘相比，它又增加了不少常用快捷键或音量调节装置，使微型计算机的操作变得更简单。例如，在104键的键盘上，收发电子邮件、打开浏览器软件、启动多媒体播放器等都只需要按一个特殊按键就能够实现。另外，在外形上也进行了重大改

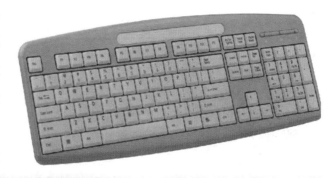

进，着重体现了键盘的个性化。刚开始的时候，这类键盘多被用于品牌机上，例如惠普、联想等品牌机都率先采用了这类键盘，而且受到很高的市场好评，也因此被视为品牌机的特色。

按照不同计算机的使用情况，可以把键盘分为台式机键盘、笔记本电脑键盘、工控机键盘、双控键盘、超薄键盘五大类。按照键盘的工作原理和按键方式的不同，可以划分为4种，分别为机械式键盘、塑料薄膜式键盘、导电橡胶式键盘、无接点静电电容式键盘。键盘是通过一个有5针插头的五芯电缆与主板上的DIN插座相连的，使用串行数据传输方式。

②鼠标

鼠标也是微型计算机上的主要输入设备，它的主要功能是用来移动显示器上的光标，通过点击菜单或者按钮向主机发出各种操作指令。但是，鼠标不能像键盘那样输入数据和字符。

从鼠标的图形中我们可以看到它像一只小老鼠一样，带有一个长长的尾巴，用来与主机相连。它的外观像一个方形盒子，在它的上边有两三个按钮，其中一个是滚珠，另外两个按钮分别是左右两个键，左键是用来确定操作的，右键是用来做特殊功能用的，例如刷新页面或者新建文件夹等都要用右键来操作。鼠标的类型也有很多，按照结构来分主要有机电式和光电式两种。机电式鼠标内有一滚动球，在普通桌面上移动即可使用。光电式鼠标内有一个光电探测器，需要在专门的反光板上移动才能使用。

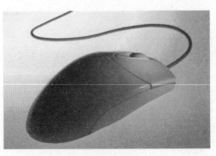
▲ 鼠标

除了这两种常见的鼠标外，目前还有激光鼠标和轨迹球鼠标等。前者和光电式鼠标的原理差不多，后者则与机电鼠标的原理相似。激光鼠标的优势表现在它的表面分析能力上，与机电鼠标相比，它的表面分析能力有了很大的提升。因为它是借助激光引擎的高解析能力，能够有效地避免传感器接收到错误或者模糊不清的位移数据，从而更能准确地移动表面数据回馈，有利于鼠标的定位，这样也就有利于我们对计算机的操作。轨迹球鼠标从外观上看就像翻转过来的机电鼠标，它主要是靠手拨动轨迹球来控制光标的移动。这种鼠标

▲　激光（无线）鼠标

大多数用在笔记本电脑上，因为它可以夹在笔记本电脑的一侧，用起来十分方便。

　　有线鼠标只有与主机上的固定接口相连接后才能使用。它的接口多为串口，将鼠标直接插在微型计算机固定的鼠标连接串口上即可，不需要任何总线接口板或者其他的外部电路。

　　微型计算机输入设备中的光笔和扫描仪主要是用来进行输入数据或信息、图形的。它们与其他的输入设备一起，共同实现微型计算机的输入功能。

知 识 链 接

世界上最早的鼠标

　　世界上最早的鼠标诞生于1964年，它的发明者是美国的道格·恩格尔巴特。最早的鼠标是一个木质的小盒子，在小盒子里安装一个按钮和两个互相垂直的滚轮。它的工作原理是由滚轮带动轴旋转，并使变阻器改变阻值，阻值的变化就产生了位移信号，经电脑处理后屏幕上指示位置的光标就可以移动了。

（3）输出设备

有输入设备相应地就有输出设备，微型计算机的输出设备主要是用来将计算机处理的结果、文本文档、程序以及数据等信息输出到计算机外。那么，计算机是通过什么将这些信息输入到计算机外呢？它主要是通过显示器、打印机或者绘图仪来实现的，另外也可以把它们存储到磁盘上存储起来。因此，计算机的输出设备主要包括显示器、打印机、绘图仪以及磁盘。

①显示器

显示器对我们来说也是非常熟悉的，因为它是电脑外部设备中最突出的部分。它也是计算机的主要输出设备，用来将系统信息、计算机处理结果、用户程序以及文档等信息显示在屏幕上。这样不仅方便我们了解信息的内容，而且还使我们对电脑的操作变得更加简单。

根据显示器的外观，可以把它们分为 CRT 显示器（学名叫"阴极射线显像管"，俗称纯平显示器）和液晶显示器等。

CRT 显示器是计算机中应用最多、时间最长的显示器。它的工作原理和我们使用的电视机一样，只是它们对数据的接收和控制方式不一样。根据它的组成结构又称它为阴极射线管显示器，其中阴极射线管主要包括 5 个部分，分别是电子枪、偏转线圈、荫罩、荧光粉层及玻璃外壳。它最突出的特点是可视角度大、无坏点、色彩还原度高、色度均匀，并且还有可调节的多分辨率模式，反应时间极快。

与纯平显示器不同的是液晶显示器，它的体积比较小，质量也比较轻，只要求低压直流电源便可以工作。由于

▲ 纯平显示器

▲ 液晶显示器

它的这些特点，因此它在携带的时候比纯平显示器要方便得多。

此外，根据显示器显示效果的不同又可以将它们分为单色显示器和彩色显示器。顾名思义，单色显示器只能产生一种颜色，也就是说只有一种前景色和一种背景色，而不能显示彩色图像。这种显示器也是一种比较老的显示器，最早的微型计算机就是用的这样的显示器。而彩色显示器就比它要先进许多，因为它的前景色与背景色都有很大的变化，也就能呈现出五彩缤纷的颜色了。目前使用的显示器，无论纯平的还是液晶的，都是彩色的。

另外，显示器的一个重要特点就是它的分辨率。因此，按分辨率的高低我们也能将显示器来进行划分，就是中分辨率与高分辨率的显示器。一般认为，中分辨率的显示器的分辨率为 320×200 像素，也就是说，屏幕垂直方向上有 320 根扫描线，水平方向有 200 个点，这些点和线相互地交叉辉映就能够把要显示的东西显示出来，分辨率高就清晰，分辨率低就模糊。高分辨率的显示器的分辨率一般为 640×200 像素、640×480 像素和 1024×768 像素等。其中，分辨率为 1024×768 像素、1360×768 像素、3200×1200 像素的图像最清晰。因此，分辨率也是衡量显示器性能好坏的一个标志，

▲ 屏幕可旋转的笔记本电脑

▲ 显示卡

在购买的时候最好是选择分辨率高的显示器。

在显示器中还有一个重要的元器件，那就是显示卡。我们知道，显示器如果要发挥作用就必须与计算机的主机相连，其中就要用到显示卡，否则的话它就不能正常工作。在使用计算机的时候，或许会碰到显示器不工作的情况，或者显示器能工作但是却不能正常显示，这主要的原因和显示卡有直接的关系，因为，显示卡的主要功能是用于主机与显示器数据格式的转换，是体现计算机显示器效果的必备设备。它不仅把显示器与主机连接起来，而且还起到处理图形数据、加速图形显示等作用。显示卡插在主板的扩展槽上，能够适应各种不同的显示器来使用，保证显示效果。

②打印机

微型计算机的另一个输出设备就是打印机，它与显示器不同的是，它能把所要输出的信息显示在纸张上面，便于我们把电脑中的信息携带到办公地点或者其他的地方。那么，打印机和计算机有什么关系呢？它又是如何来工作的呢？

打印机主要的功能是把计算机的运算结果，或者运算的

▲ 彩色打印机

中间结果，借助于人们能够识别的数字、字母、符号和图形等，并依照规定的格式打印出来。衡量它的性能的好坏，主要有3项指标，分别是打印分辨率、打印速度和噪声。

不同的打印机有不同的工作原理，因此，按照工作原理可以将它们划分为击打式和非击打式两大类。常见的非击打式打印机有激光打印机、喷墨打印机等；击打式打印机有

▲ 单色激光打印机

针式打印机，不过目前已经很少使用了。另外，按照打印机打印的方式可以将打印机分为字符式、行式以及页式打印机三种。字符式打印机是一个字符一个字符地依次打印，行式打印机是按照一行一行来进行打印的，而页式打印机是按照整页整页来打印的。按照打印机打印的色彩，又可以将它们分为单色打印机和彩色打印机，单色打印机打印出来的颜色只有一种，而彩色打印机打印出来的颜色是五彩缤纷的，目前使用的打印机既有单色的也有彩色的。

我们知道，打印机和计算机是两个独立体，如果没有其他的设备把它们连接起来，它们是没有办法一起工作的。那么，用什么来连接它们呢？

打印机与计算机是以并口或者标准接口的方式相连接的，一般采用的是并行接口。它们之间用一个特殊的数据线连接在一起。

其实，计算机与打印机之间光靠一根数据线相连接还不行，还要计算机内具有打印机的程序才行。因此，当打印机和计算机相连接之后，还必须在计算机内安装打印机驱动程序才可以进行打印。打印机驱动程序一般是随计算机系统携带的，可以在安装计算机系统的同时安装多种型号的打印机驱动程序，在具体使用的时候再根据配置不同而选择所需要的程序。只有具备了数据连接和驱动程序，打印机才能正常地把计算机内的信息输出到纸张上面来。

（4）其他外部设备

在计算机的外部设备中，除了我们上面所介绍的几个方面外，还有一些其他的外部设备也属于计算机硬件中的一部分。并且，随着计算机的不断发展，它所具有的功能也在不断地增加，能够与它相连接的外部设备也越来越多了。那么，这些其他的外部设备都包括哪些部件呢？

①声卡

随着多媒体的出现，多媒体计算机走进了人们的生活。与普通的计算机相比，多媒体计算机的功能更加齐全，不仅能够看图像而且还能够听声音，但是，如果没有某种发声的设备，人们是不会听到计算机所发出的声音的。这种设备就是

▲ 声卡

声卡，它具有把声音变成数字信号以及再将数字信号转换成声音的转换功能。另外，它还可以把数字信号记录到硬盘上，如果要重新播放的话就能直接从硬盘上读取。随着技术的不断发展，目前的声卡还具有用来增加播放复合音乐的合成器以及与外接电子乐器相连的 MIDI 接口。这样，具有声卡的多媒体计算机不仅能够播放来自光盘的音乐，而且还具有编辑乐曲以及混响的功能，并且还能提供优质的数字音响。

常见的声卡主要有板卡式、集成式和外置式三种接口类型，不同的声卡具有不同的功能。板卡式具有比较好的性能以及兼容性，它能支持即插即用音响设备，安装与使用都

▲ 集成式声卡

非常方便。集成式一般在主板上，具有不占用 PCI 接口、成本更为低廉、兼容性更好等优势，能够满足普通用户对音频的需求。外置式声卡通过 USB 接口与计算机相连，使用起来非常方便，并且便于移动。

▲ 外置声卡

总之，不同的声卡具有不同的特点，用户可以根据自己的需求来进行选择。另外，安装声卡时，将它插到计算机主板的任何一个总线插槽上都可以，非常方便。不过，有一点要注意，所安装的声卡一定要与计算机的总线槽的类型相一致，不然的话就不能使声卡正常工作。等声卡插好后，通过光盘音频线与 CD-ROM 音频接口相连。是不是到这一步就算是把声卡安装好了，就能够利用它使计算机发出声音了呢？其实不是这样的。因为，要想使声卡能正常发挥它的功能，还要在计算机内安装相应的声卡驱动程序以及作为输出设备的音箱等。只有完成了这两步，我们才算是完成了声卡的安装工作，才能通过它听到来自计算机的声音。

②视频卡

目前，上网聊天、视频是一项非常流行的休闲方式，很多年轻人都喜欢上网与朋友、家人或者同学等进行视频聊天。这不仅方便了人与人之间的交流，而且使人与人之间的距离也越来越近了。坐在电脑前进行视频对话的时候就像在和老朋友面对面地聊天一样。那么，为什么计算机会有视频的功能呢？其实，这取决于一种很重要的设备，它就是视频卡。

视频卡的主要功能是将各种规则的模拟信号数字化，并将这种信号压缩和解压缩后与专用的信号进行叠加显示。也可以把电视、摄像机中的动态图像以

▲ 视频卡（显卡）

数字形式捕获到计算机的存储设备上，对它们进行编辑或与其他多媒体信号合成后，再转换成模拟信号播放出来。例如，我们用数码相机照完相后，要把数码相机中的照片在电脑中播放，那么就需要用到视频卡来对照片进行转换，否则的话就不能在电脑中显示。

在计算机内安装视频卡时，只需要把视频卡插入计算机中的任何一个总线槽内即可，不需要注意它们之间的型号。在计算机中插好视频卡后还要在计算机中安装相应的视频卡驱动程序。待程序安装好后，视频卡就能发挥它的功能了。

▲ 调制解调器

③调制解调器

调制解调器（Modem）是调制器与解调器的总称，用于进行数字信号和模拟信号间的转换。它是在发送端通过调制器将数字信号转换为模拟信号，而在接收端通过解调器再将模拟信号转换为数字信号的一种装置。我们知道，计算机处理的是数字信号，电话线传输的是模拟信号，如果我们要把计算机联网，就要解决计算机和电话线之间的信号传输问题。那么，用什么来解决呢？它就是调制解调器，通过它就能将计算机输出的数字信号转换为适合电话线传输的模拟信号，在接收端再将接收到的模拟信号转换成数字信号来让计算机处理。这样，它就成了计算机通信的外部设备。

调制解调器根据传送信号的速率不同可以将它分为高速率和低速率调制解

调器，按功能又可将它分为手动拨号与自动拨号或者自动应答两类，按外观还可分为内部和外部两类。内部调制解调器是一块可以插入计算机主板扩展槽中的电路板，其中包括调制器和串行端口电路。外部调制解调器是一台独立的设备，后面板上有一根电源线、与微型计算机串口连接的接口以及与电话系统连接的接口，前面板上有若干个指示灯，用于显示调制解调器的工作状态。

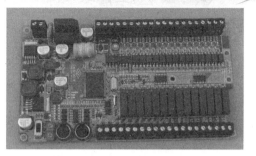

▲ 内置式调制解调器

总的来说，调制解调器就是实现计算机与互联网相连的一个必要设

▲ 外置式调制解调器

备。只有在它的调节下，计算机和网络之间才能互相合作，共同为人类的生活、工作等提供方便。

知识链接

软件的"软"

软件（Software）是中国内地和香港用语，台湾称软体，它是一系列按照特定顺序组织的计算机数据和指令的集合。它依托光盘为载体，但它本身是无形的、不可触摸的，因此，相对于可以触摸的物质硬件来说，是"软"的东西，所以叫软件。

第二节 重中之重——计算机软件

前面我们介绍了计算机硬件的主要组成部分以及功能，但是，如果只有硬件系统而没有软件系统的话，就没有办法使计算机正常工作。因为一台完整的计算机，不仅要有硬件也要有软件。那么，什么是计算机软件呢？计算机软件主要包括哪些内容呢？其实，计算机软件就像人体内的"神经系统"一样，只有通过软件部分，才能让计算机完成人们对它的指令及要求。软件所包含的内容也很丰富，种类繁多，主要有系统软件和应用软件两大类。

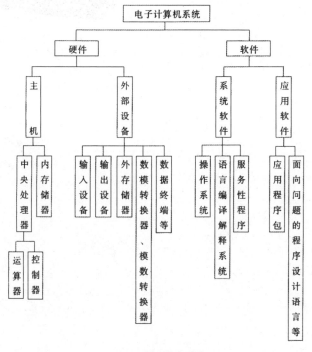

▲ 计算机系统图

1. 维护计算机硬件软件资源——计算机系统软件

系统软件是在计算机系统中直接服务于计算机系统的，它一般由厂商或者专业的开发商提供。其中有一些系统软件程序，在计算机出厂时直接写入ROM芯片中，例如基本的输入输出系统、诊断程序等。有一些是直接安装在计算机的硬盘中的，例如操作系统等。也有一些保存在活动介质上供用户购买，例如语言处理程序等。

▲ 时尚电脑

系统软件是主要用来管理、控制和维护计算机系统资源的程序集合，这些资源包括硬件资源与软件资源。常用的系统软件主要有操作系统、语言处理程序、数据库程序以及网络管理软件等。

（1）操作系统

操作系统是指统一管理计算机资源，合理地组织计算机工作流程，协调系统各部分之间、系统与使用者之间以及使用者与使用者之间的关系，从而有利于发挥系统效率及方便使用的一种软件系统。简单地说，操作系统就是管理计算机硬件和软件资源，由一系列程序组成的系统。它也是能够直接应用到正在运行的裸机上、最基本的系统软件，是软件系统的核心组成部分，其他任何软件系统必须在它的协助下才能正常运行。

一般来说，不同的操作系统的结构和内容都存在很大的差别。但是，它们之间又具有共性，例如，它们都有进程和处理机管理、作业管理、存储管理、设备管理以及文件管理等功能。

关于操作系统的分类，参照不同的标准有不同的分类方法。例如，根据操

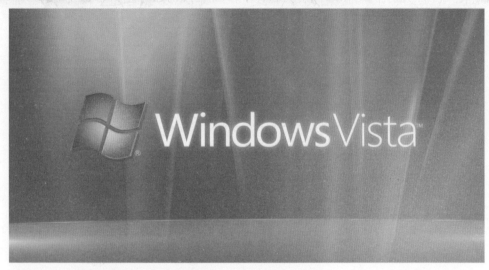

▲ Vista 操作系统界面

▲ Microsoft 与 Apple 操作系统的对比

作系统的使用环境以及对作业处理的方式不同来划分，可以将它分为批处理系统（Mvx、DOS/Vse）、分时系统（Windows、Unix、Xenix、MacOS）和实时系统（Iemx、Vrtx、Rtos、RTLinux）。根据操作系统应用领域的不同来划分，可以将它分为桌面操作系统、服务器操作系统、主机操作系统和嵌入式操作系统。根据操作系统所支持的用户数目的不同，又可以将它分为单用户（MSDOS、OS/2）和多用户系统（UNIX、MVS、Windows）。根据操作系统硬件结构的不同，还可以将它分为网络操作系统（Netware、WindowsNT、OS/2Warp）、分布式系统（Amoeba）和多媒体系统

（Amiga）。最后根据操作系统的技术复杂程度的不同，可以将它分为简单操作系统和智能操作系统等。

由此，我们可以看到，操作系统的分类有许多种。但是，不管它是从哪方面进行区分，它们都具有操作系统所具有的共性，只是在进行实际操作的时候，所采用的方式不同而已。在实际应用中，最常见的操作系统有 DOS、UNIX、LINUX、Windows、WindowsNT、NetWare 等。虽然有一些操作系统是我们每天都可能在使用的，但是很多人对它们并不了解。那么，下面就让我们去了解一下最常用的操作系统吧！

① Windows

Windows 是由微软（Microsoft）公司开发的一种"视窗"操作系统，是根据 Windows 的中文意思来命名的。它开始的时候并不是一种操作系统，仅仅被看作一个图形用户界面。这是因为早期版本的 Windows 是在 MS-DOS 上运行的，并且只是被用来当作文件系统服务的。后来，随着计算机科学不断发展，出现了 16 位版本的 Windows，此时它已经具备了一些操作系统的功能。例如，它能够执行文件格式，并且还能够为应用程序提供自己的设备驱动程序等。

再后来出现了 32 位和 64 位的 Windows 操作系统，例如 WindowsNT3.1、Windows2000、WindowsXP 等都属于 32 位的 Windows 操作系统。WindowsXP64 位版、WindowsServer200364 位版、WindowsVista64 位版、Windows764 位版、WindowsServer200864 比特版本等都属于 64 位的 Windows 操作系统。随着计算机的不断发展，Windows 操作系统也在不断更新，目前使用较多的是 Windows7、Windown10。为什么它会有如此快的发展呢？它又有什么特色呢？

由微软公司（Microsoft）所开发的 Windows 操作系统，是目前世界上用户最多、兼容性最强的操作系统。该公司在 1985 年推出的 Windows 操作系统是

最早的一款操作系统，它改进了微软公司以前采用的以"命令、代码"为主的系统——MicrosoftDos。Windows是一种彩色界面的操作系统，它默认的平台是由任务栏和桌面图标组成的，任务栏由正在运行的程序、"开始"菜单、时间、快速启动栏、输入法以及右下角的任务栏图标等几个部分组成；桌面图标是进入程序的主要途径，在桌面上，默认的系统图标主要有"我的电脑"、"我的文档"、"回收站"、"网上邻居"以及"IE浏览器"等。

Windows 的程序一般都是由鼠标和键盘来控制的。单击鼠标的左键是选定命令，双击是运行命令。单击鼠标的右键会弹出菜单。另外，Windows 操作系统是一个"有声有色"的系统，它除了有属于自己的颜色外，还有声音。值得注意的是 Windows 的硬件必须要靠驱动程序来进行引导。例如硬件中的 USB、声卡、显卡、网卡、光驱、主板以及 CPU 等，都需要用驱动程序来引导才能在计算机中正常运行。因此，只要在计算机内安装了驱动程序就可以正常使用 Windows 的硬件。

目前，Windows 操作系统是我们用得最多的操作系统，说不定此时你正在使用的电脑上正显示着"MicrosoftWindowsXP"的字样呢！它从"Windows1.0"

一直发展到今天的"Windows10"，在这个发展过程中，无论从功能还是从技术和特色上，都在不断完善和创新。

② UNIX

UNIX 也是操作系统中的一个分支，它是一个强大的、多用户、多任务操作系统，能够支持多种处

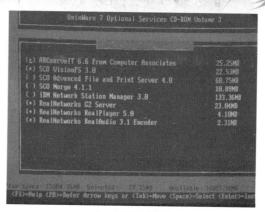

▲ UNIX 界面

理器，在操作系统中属于分时操作系统。最早的 UNIX 是由贝尔实验室的研究者开发出来的。刚开始时 UNIX 并不被人们接受，但是，随着后来计算机科学技术的不断发展，UNIX 也在不断地完善。目前，它已经成为一种主流的操作系统技术，并且是这种技术产品中的大家族。UNIX 之所以能够有今天的成就，是和它具有成熟的技术、较高的可靠性、功能强的网络与数据库、突出的伸缩性以及比较好的开放性等特点有很大的关系。因为它的这些特点能够满足各行各业的实际需要，特别是能够满足企业的重要业务的需要，因此，它已经成为主要的工作站平台和重要的企业操作平台。

UNIX 的诞生和 Multics（是一套安装在大型主机上的多人多任务操作系统）是有一定渊源的。Multics是由麻省理工学院、贝尔实验室和通用电气合作进行的操作系统项目，主要被设计运行在大型的主机

▲ UNIX 操作界面

上。但是由于它的整个目标太庞大了，并且又糅合了太多的其他特性，因此，Multics虽然也发布了一些产品，但是性能都比较低，并都以失败而告终。后来，在这个基础上，贝尔实验室研制开发了UNIX，与Multics相比它有更优越的特性，并且克服了以往Multics体积庞大的特点。经过一段时间的实验应用后，UNIX得到推广，受到很多人的喜爱。

UNIX最初使用的是汇编语言，其中有一些应用系统是由解释型语言和汇编语言混合编写的。但是，由于解释语言在进行系统编程时不够强大，所以在利用UNIX进行编程的时候并不方便。为了弥补这方面的不足，研究者对它进行了改造。于是在1971年的时候，发明了C语言，又过了两年后，他们用C语言对UNIX进行了重新编写。用C语言所编写的UNIX代码简洁紧凑、易移植、易读、易修改，这为UNIX的发展奠定了坚实的基础。

人们总是对新兴事物充满了兴趣。1974年，新兴起的UNIX引起了政府机关、研究机构、企业和大学的关注，并逐渐流行开来。1975年，UNIX相继发布了UNIX4、UNIX5、UNIX6等3个版本。1978年，大约有600台计算机使用了UNIX，并反映良好。1979年，UNIX的第七个版本发布，在UNIX的历史中，这是一个发布最为广泛的研究型版本。

进入20世纪80年代，UNIX又相继发布了8、9、10的3个新版本，只不过这3个

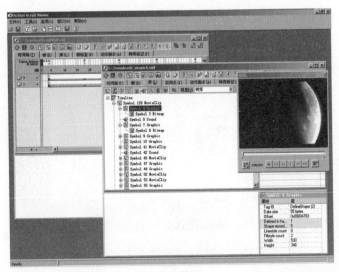

▲ 汇编语言

版本不是面向社会公开的，而是只授权给了少数的几所大学使用。但是，UNIX 的研究并没有停步，UNIXPlan9 的出现是一个新的转折点，它是一个新的分布式操作系统。

1982 年，贝尔实验室在 UNIX7 版本的基础上又开发了 UNIXSystem Ⅲ

▲　UNIXSVR4 界面

的第一个版本，这是一个专门面向商业的版本。此后的几年中又开发了其他的新产品，不过从 1993 年以后，大多数 UNIX 发行商都是在 UNIXSVR4 的基础上来开发自己的 UNIX 变体的。

目前在市场上，UNIX 和 Windows 是操作系统中的两大支柱产业。

我们知道操作系统的主要功能是控制和管理计算机硬件资源和软件资源，是用户与计算机之间通信的桥梁。那么，操作系统对计算机资源进行控制和管理时，所呈现的功能主要有哪些呢？它的主要功能有对 CPU 的控制与管理、对内存的分配与管理、对外部设备的控制和管理、对文件的控制和管理以及对作业的控制和管理等。此外，操作系统按照它的功能来分类的话，还可以分为单用户任务操作系统，通常用在微型计算机中，例如 OS/2、Windows95/98/2000XP/7/10 等；多用户多任务分时操作系统，例如我们前面介绍过的 UNIX；网络操作系统，通常用在计算机网络系统中的服务器上，例如 WindowsNTServer 等。

（2）语言处理程序

人与人之间的交流是需要用语言来进行的，那么，计算机和计算机之间以及计算机内部的各个程序之间是用什么来进行交流的呢？它们也需要用语言，只是它们的语言与我们的语言是有很大的区别的。那么，它们的语言是什么样子呢？

首先我们要知道，程序与计算机之间的关系是什么。程序其实就是计算机语言的一种具体体现，是通过某种计算机程序设计语言，按照问题的要求编写而成的一种能被计算机识别的语言。计算机语言一般分为三种，分别是机器语言、汇编语言和高级语言。对于高级语言编写的程序，计算机是不能直接识别和执行的。如果要执行高级语言编写的程序，首先要将高级语言编写的程序通过语言处理程序翻译成计算机能识别和执行的二进制机器指令，然后才能让计算机执行。其实，这也说明了对于计算机语言的处理主要有编译、解释和汇编三种方式。

①汇编语言

汇编语言是一种用助记符来表达指令功能的计算机语言。它是符号化的机器语言，用它所编写出来的程序称为汇编程序，是机器所无法执行的，必须用计算机配置好的汇编程序把它翻译成机器语言才能被机器执行，这个翻译的过程也称为汇编过程。汇编语言比机器语言更有优势，它不仅能够用来编写、修改、阅读，而且运行的速度也比较快。它的缺点是不好掌握。汇编语言是和机器语

▲ 软件操作界面

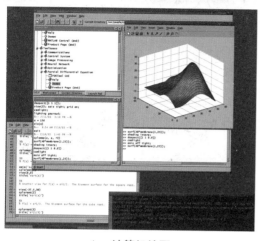

▲ 计算机绘图

言相互转换的一种语言。

②机器语言

机器语言是直接就能被计算机所识别的语言，它是用二进制指令代码来表达的一种计算机编程语言。这种语言对于机器而言不需要任何形式的翻译，可以直接与计算机进行对话。不过，它也有一定的缺点，就是它不容易被记忆，难以修改。由于计算机只能识别二进制形式表示的机器语言，所以任何高级语言最后都要翻译成二进制代码组成的程序才能在计算机上运行。

③高级语言

计算机的语言和人类的语言也有一定的相似性，比如它们之间也有高低之分。对于机器语言和汇编语言来说，它们属于面向机器的语言，虽然通过翻译能够直接和机器进行对话，但是缺乏一定的通用性，因此被称为低级语言。

低级语言虽然执行效率较高，但是编写效率很低。相对于低级语言而言，高级语言表面上看与具体计算机指令系统无关，其实，它的描述方法与人们求解的过程或者对问题的表达方式都非常接近，是一种比较容易掌握和书写的语言，并且它还具有共享性、独立性

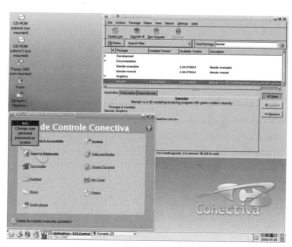

▲ 英文版操作界面

和通用性。高级语言所用的符号，是一种与人们的日常习惯更接近的符号，这样就更方便了人们对它的理解和记忆。这种语言在执行一个语句时，通常是由多条机器指令组成的。

一般将高级语言编写的程序称为"源程序"。高级语言也是一种不能

▲ 工作人员正在编写程序

被计算机直接理解和执行的语言，必须对它进行翻译。它的翻译方式主要有两种，一种是编译方式，另一种是解释方式。它最大的特点是逐句进行翻译，一边翻译，一边执行，并且在编译的时候是将整段程序一起进行翻译的，把高级语言源程序翻译成等价的机器语言目标程序。只有这样，计算机才能使用它，才能正常链接运行。

目前常用的高级程序设计语言有 C 语言、C++ 语言、JAVA 语言等，对于这几种语言或许会有一种既熟悉又陌生的感觉，因为，虽然我们在学习或者生活应用中也能接触到，但是，很多时候只有表面认识。那么，究竟什么是 C 语言、C++ 语言、JAVA 语言呢？

C 语言：

C 语言是一种适合于编写系统软件的高级语言，具有数据类型丰富、语句精练、灵活、效率

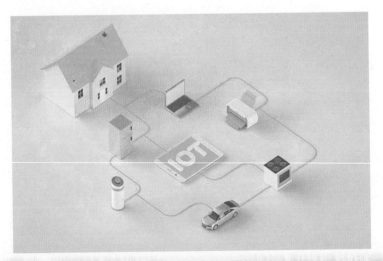

高、表达力强以及可移植性等许多优点。

C++ 语言：

C++ 语言是在 C 语言基础上的升级版，是 C 语言面向对象的扩充。它除了具有 C 语言的特点以外，又增加了继承、重载运算符、虚函数等支持面向对象程序设计的机制，常用的有 VisualC++ 系列。

JAVA 语言：

JAVA 语言是一种跨平台分布式程序设计语言。在它的身上聚集了其他语言的精华，具有面向对象、多线程处理、动态链接、平台无关性、安全、健壮性等特点，是网络应用开发的一种功能强大的设计语言。目前很多计算机都应用这种语言，并且为了能够使它被更多的人所掌握和使用，现在，在大学计算机课程中都开设这门课程。

其实，无论哪一种语言，它们都是用来了解和运用计算机的一把钥匙，如果没有这把钥匙我们就不能和计算机进行交流，不能轻松自如地使用计算机。

所以说，计算机的语言是很重要的，有了语言处理程序，拉近了我们和计算机之间的距离。当然，随着科学技术的不断发展，在未来的生活中一定会有更多的语言程序出现，到那时，我们将更轻松地和计算机进行交流。

（3）数据库管理系统

数据库管理系统，顾名思义就是用来管理数据库的系统。此外，它还具有建立、编辑、维护和访问数据库的功能，并且还能为数据提供独立、完整和安全的保障。用数据库来管理信息就像用一个管理员来看管仓库一样，它不仅能保证数据的正常运行，而且还能保护数据库的数据资料不会丢失。

▲ 数据管理系统示意图

另外，由于计算机内的数据有很多，有一些是计算机处理过的不再起作用的，如果这样的数据在计算机内部积累过多的话就会影响计算机的运行速度，因此，必须有专门的软件来对它们进行整理和清除。数据库管理系统就有这样的功能，它能及时解决数据冗余和数据独立性的问题，并且能用一个软件系统来集中管理所有文件，从而实现数据共享，确保数据的安全、保密、正确和可靠等。

那么，数据库系统是由哪几部分组成的呢？是不是与我们现实中的仓库相似呢？

数据库系统是由计算机软件、硬件资源组成的系统，它主要的目的是有组织地、动态地存储大量相关联数据，以方便多用户进行访问。我们知道，文件系统也能存储数据，但是数据库系统是与文件系统不同的一个独立系统，它们之间的重要区别是数据库能够使数据充分共享，不同的数据之间能够进行交叉访问，并且它是与应用程序分离开的。

按照数据模型的不同，我们可以把数据管理系统分为层次型、网状型和关系型三种类型。按功能划分，数据库管理系统又可以分为模式翻译、应用程序的编译、交互式查询、数据的组织与存

▲ Oracle 数据管理系统软件界面

取、事务运行管理、数据库的维护等 6 个部分。常见的数据库管理系统主要有 Oracle、Microsoft SQL Server、Microsoft Access 等，其中 Oracle 是最早的一个关系型数据库管理系统，它的应用比较广泛，所具有的功能也比较强大。Oracle 之所以能够成为一个通用的数据库管理系统，不仅因为它具有完整的数据管理功能，而且还因为它是一个分布式数据库系统，能够支持各种分布式功能，特别是能够支持 Internet 应用，因此它又是一个应用开发环境。同时，它能提供一套界面友好、功能齐全的数据库开发工具，具有可开放性、可移植性、可伸缩性等功能，是一种比较受欢迎的数据库管理系统。当然，另外两种数据库管理系统也是比较重要的，在目前的应用中也比较多。

总之，数据库管理系统的出现是计算机数据处理技术的重大进步，它具有数据独立性、数据安全性、数据完整性、数据一致性、数据共享性、控制冗余、集中管理以及数据故障恢复等一系列优越的特点，这也成就了它在计算机中的重要地位。有了数据库的存在，计算机的功能才变得越来越强大。

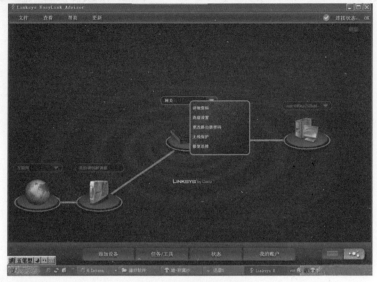

▲ 网络管理软件

（4）网络管理软件

我们知道计算机虽然具有强大的功能，但是，如果没有与网络相连，它就不可能发挥更多、更强大的功能。当然，计算机网络也是需要一定的软件来管理它们的，就像一个班级中的学生需要老师来进行管理一样。

那么，什么是网络管理软件呢？

它主要指网络通信协议以及网络操作系统，主要的功能是支持终端与计算机、计算机与计算机以及计算机与网络之间的通信。在通信中，计算机网络管理软件能够为各种网络提供网络管理服务，实现资源共享和分布式处理等。而且，有了网络管理软件的存在，计算机网络才能毫无阻碍地运行，并且还能保护计算机网络的安全性。

所以说，计算机网络管理软件，就像一位把关的人员一样，在保证网络安全的同时又能为网络提供一定的鉴别服务，从而保障计算机网络的正常运行，为我们的生活和学习带来更多的方便。

知 识 链 接

C++ 汇编程序

C++ 这个词在中国内地的程序员圈子中通常被读作"C 加加"，而西方的程序员通常读做"C Plus Plus"或"CPP"。它是一种使用非常广泛的计算机编程语言。

C 语言之所以起名为"C"，是因为它主要参考一门叫 B 的语言而设计的，它是 B 语言的进步，就起名为 C 语言。而 B 语言不是参考某种 A 语言设计的，A 语言根本就不存在。B 语言作者的妻子的名字第一个字母是 B，为了纪念他的妻子，把他设计的语言叫 B 语言。当 C 语言发展到顶峰的时刻，出现了一个版本叫 C with Class，那就是 C++ 最早的版本，后来 C 标准委员会决定为这个版本的 C 起个新的名字，那个时候征集了很多种名字，最后采纳了其中一个人的意见，以 C 语言中的 ++ 运算符来体现它是 C 语言的进步，所以就叫 C++ 汇编程序。

2. 解决问题的程序——应用软件

在计算机的软件系统中，除了有系统软件还有应用软件。并且，系统软件以外的软件都属于应用软件，它们是计算机生产厂家或软件公司为支持某一应用领域、解决某个实际问题而专门研制的应用程序。

具体来讲，应用软件是用户可以使用的各种程序设计语言，或者用各种程序设计语言编制的应用程序集合。它一般分为应用软件包和用户程序，应用软件包是指利用计算机解决某类问题而设计的程序的集合，是一种能够供多用户

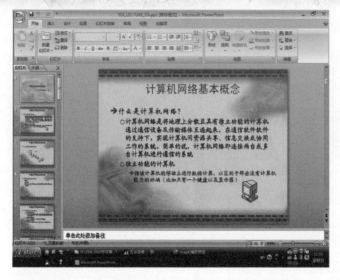

使用的程序。

我们常见的办公软件（Office 套件）、标准函数库、计算机辅助设计软件、各种图形处理软件、杀毒软件以及解压缩软件等都属于应用软件。用户能够通过这些应用程序来进行操作，以便完成自己的任务。例如，我们能够用办公软件来进行创建新的文档（Word、Excel 等），可以利用杀毒软件来对计算机进行扫描，清除计算机内的病毒和垃圾文件等，可以用解压缩软件把压缩的文件还原，以便于我们能及时阅读等。

在使用应用软件时，一定要注意系统环境，也就是说运行应用软件需要系统软件的支持，因为，在不同系统软件下所开发出来的应用程序，只能在相应的系统软件下才能运行。例如，我们所使用的办公软件和解压缩软件是在 Windows 系统下开发出来的，因此在运行这些软件的时候只能在 Windows 系统下使用。

根据应用软件在实际应用中的不同作用可以将它分为文字处理软件、表处理软件、其他应用软件等。

（1）文字处理软件

文字处理软件是一种用于各种文稿，对文字进行输入、存储、修改、编辑以及多种字体、字型输出的软件。它的存在，为我们生活中打印文件、传送信息提供了很大的方便。目前最有特点的文字处理软件有微软公司的 Word、金山

公司 的 WPS（Word Processing System 的缩写，代表"文字处理"的意思）等。

（2）表处理软件

工作当中常常需要制作表格，在文档中进行手工绘制需要

▲ Word 文档

花费很长时间。并且由于技术的限制可能还达不到预期的效果。那么，有没有一个软件能做到直接输入行数和列数就能一下子生成表格呢？答案是肯定的，在应用软件中就能实现这个要求，它就是我们要介绍的表处理软件。

表处理软件也叫电子表格软件，最大的特点是能够用来快速、动态地建立表格数据，并且还能对表格中的数据进行各种类型的统计、汇总等。这些电子表格软件还提供了丰富的函数和公式演算功能。另外它还具有灵活多样的绘制统计图表的能力和存储数据库中的数据的能力等。目前用得最多的电子表格软件是微软公司的 Excel。

（3）其他应用软件

计算机应用软件中的其他应用软件又称辅助工程应用软件，随着计算机科学的不断发展，这些辅助软件越来越多，例如用于工程设计、服装剪裁、网络服务以及财务管理，等等。这些应用软件不需要用户学习计算机编程就能直接使用，并且能为人们的工作提供很大的方便。目前使用最多的辅助应用软件主要有 CAD、CAM、CAT，以及 CAI、Photoshop、3DMAX、illustator flash 等。

CAD 是计算机辅助设计软件，英文全称为"Computer Aided Design"，它通过计算机来帮助设计人员进行设计。

CAM 是计算机辅助制造软件，英文全称为"Computer Aided Manyfactueing"，它通过计算机来进行生产设备的管理、控制和操作。

CAT 是计算机辅助测试软件，英文全称为"Computer Aided Testing"，它通过计算机来进行产品测试。

CAI 是计算机辅助教学软件，英文全称为"Computer Aided Instruction"，它通过计算机来进行辅助教学，例如现在很多学校都采用了多媒体教学。

关于计算机的应用软件还有一些其他方面的应用，比如能够用它来进行自动化控制、信息的采集以及自动处理文件等，但是，不管是哪方面的应用，应用软件都有属于各个领域的特殊功能。它的存在使人类和计算机的关系更加密切，也证明了计算机在人类生活中的重要地位。

第三章

分工合作——
计算机的工作原理

关于计算机的起源和发展、特点与构成我们已经有了一定的了解，那么，计算机是依据什么原理来进行工作的呢？它又有哪些分类？本章我们将要对它的工作原理和分类进行研究。

第一节 各司其职——计算机的工作原理

一台机器，无论它是怎样工作的，都要依据一定的原理。机器工作的原理就像人类生活的规律一样，不同种族有不同的生活习惯。同理，计算机也有它的工作原理，而且不同类型的计算机也会有不同的工作原理。但是，计算机总的工作原理是相同的，它最基本的工作原理是存贮程序和程序控制。

计算机在工作之前，要预先把指挥计算机如何进行操作的指令序列（也被称为程序）、原始数据，通过输入设备输送到计算机内存储器中，并且在每一

▲ 厢式计算机

条指令中都明确规定了计算机是从哪
个地址取数的，准备进行什么操作，
然后又送到什么地址去等步骤。

当计算机做好工作前的准备后，
就可以正常运行了。运行的时候先
是从内存中取出第一条指令，通过
控制器的译码，按指令的要求，从
存储器中取出数据，然后进行指定
的运算和逻辑操作等方面的加工，

▲　计算机辅助设备

再按地址要求，把结果送到内存中去。待第一条指令完成后，再进行第二条
指令，在控制器的指挥下完成规定操作。就这样依次进行下去，直至遇到停
止指令的时候才会停下来。或许有的人会问，计算机这样一条一条地取指令
是不是很慢，也很麻烦？其实不用担心，因为计算机的运行速度是非常快的，
一条指令的操作，只会用一点点的时间，因此，当我们在操作计算机进行工
作的时候，一点也不会感到慢。计算机的工作原理，最初是由美籍匈牙利数
学家冯·诺依曼于1945年提出来的，因此，计算机的工作原理也被称为冯·诺
依曼原理。

依据冯·诺依曼原理，计算机工作时，采用的是二进制数的形式来表示数
据和指令的，它把数据和指令按照一定的顺序存放在存储器中，在计算机要读
取或者输出时就可以直接在存储器中进行。我们知道，计算机是由控制器、运
算器、存储器、输入设备和输出设备等几大部分组成的，它的核心是"存储程序"
和"程序控制"，也就是说，计算机是以此为工作原理的。

此外，根据冯·诺依曼原理来分析，计算机的工作过程也就是不断地取指
令和执行指令的过程，最后将计算结果放入指令指定的存储器地址中。在计算

机工作的过程中，所要用到的计算机硬件部件有内存储器、指令寄存器、指令译码器、计算器、控制器、运算器、输入设备、输出设备等。关于内存储器、运算器、输入设备以及输出设备我们在前面已经介绍过了，在此就不再重复介绍。那么，什么是指令寄存器和指令译码器呢？

指令寄存器（IR）主要是用来保存当前正在执行的一条指令，例如当我们正在应用 Word 文档的时候，在还没有进行保存的情况下，文档中的东西都会被暂时保存到指令

▲ 冯·诺依曼

寄存器中。当计算机在执行一条指令时，它首先把指令从内存储器中提取出来，再把指令放到数据寄存器（DR）中，然后再传送至指令寄存器汇总（IR）。

那么，什么是指令译码器呢？首先我们要知道，一条指令可以被划分为操作码字段和地址码字段两个部分，它们都是由二进制数字组成的，所以，如果要执行给定的指令，就必须对操作码进行测试，只有这样才能识别所要求的操作。而指令译码器就是专门来做这项工作的。指令寄存器中操作码字段的被输出，就是指令译码器中的操作码字段被输入。操作码在经过译码后，就可以向操作控制器发出具体操作的特定信号。

在计算机工作原理的基础上，冯·诺依曼又提出了计算机的基本结构，他认为计算机所具有的结构特点是在完成指定的计算、存储以及其他工作时，所使用的是单一的处理部件；所具有的存储单元是特定长度的线性组织；每一个存储空间的单元都是直接寻址的；所使用的语言是低级的机器语言，操作的指令能够通过操作码来完成简单的操作；能够对计算进行集中的顺序控制；硬件

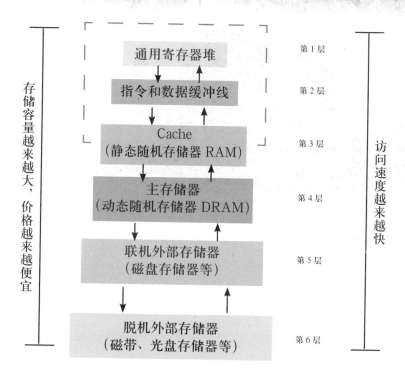

▲ 指令寄存器在存储器中的结构示意图

系统由运算器、存储器、控制器、输入设备、输出设备五大部件组成，并且不同的部件之间有不同的功能，相互协调共同完成计算机操作任务；采用二进制形式来表示数据和指令；在执行程序和处理数据时必须将程序和数据先从外存储器装入主存储器中，然后才能使计算机在工作时能够自动从存储器中取出指令并执行指令。

其实，计算机的工作过程和我们计算的过程差不多，只是计算机的速度要比人脑的反应速度快得多。例如我们在计算 3+2-1=？ 的时候，我们首先是通过眼睛看到这个算式，然后与大脑相连的神经再把我们看到的东西传送到大脑中去，大脑接到信号后再进行思考，然后根据算术法则来一步步地进行计算，最后得出计算结果 4，然后再把结果填写到纸上。那么，如果用计算机来计算

呢？当我们在键盘上键入"3+2-1"的算式时，计算机的控制器会首先通知输入设备——键盘——接收这个算式，然后再将这个算

▲ 带多媒体的计算机

式送到存储里记录下来，然后控制器再根据这个算式的内容来命令运算器对此进行计算，等到运算器算出运算结果时，并不是急于输出结果，而是让存储器先存起来，等到控制器发出让输出设备——显示器——把计算机计算的结果在屏幕上显示出来的命令时，显示器才能将计算结果显示给我们看。

由此我们可以看出，计算机的工作原理是先由控制器发动输入设备将计算机要执行的命令输入到计算机内，然后再由运算器将存储器中的算式进行处理，最后把存储器中的最终结果送到输出设备上。在这一过程中，控制器具有十分重要的作用，它相当于人的"大脑司令部"，没有它的命令计算机就不能正常进行工作。

总之，计算机的基本工作原理就是依据冯·诺依曼原理来进行的。其中一些关于硬件和软件是如何来工作的知识，在前面我们已经介绍过了。计算机和人的大脑工作原理有一定的相似之处，因此，有人就说计算机是人体的另一个大脑。当然，这只是一个比喻，不过从中我们也能更形象地理解计算机是如何来进行工作的。既然这样，人与人是不同的，不同的人也会有不同的工作方式，那么计算机呢？计算机有哪些分类呢？我们又如何来理解不同类型的计算机的工作原理呢？

知识链接

我国第一台模拟计算机

1975 年 4 月，北京无线电一厂自行设计、研制成功了我国第一台大型 HMJ200 型混合模拟电子计算机。该计算机由两台主机、14 台分机以及输入、输出设备组成。这台模拟计算机共有 80 个积分器和近 1000 个运算放大器。每个分机都能够独立地工作，并且还可以实行多分机并联运行。它的问世标志着我国电子计算机的发展迈上一个新的台阶。

第二节 分门别类——计算机的类型

计算机从起源到现在，无论在外观上还是在内容上都有了很大的变化，目前使用的计算机和第一代计算机相比，简直是两种不同的机器。可是，无论怎么变，它们都属于计算机的范畴。那么，就目前所使用的计算机来看，都有哪些不同的类型呢？

1. 数据与模拟——按照计算机的数据处理方式分类

按照计算机的数据处理方式的不同，可以将计算机分为数字计算机、模拟计算机以及数模混合计算机等。

（1）数字计算机

数字计算机是当今世界电子计算机行业中的主流，它内部处理的是一种被称为符号或数字信号的电信号，也是一种非连续变化的数据。这些数据的主要

▲ 多功能计算器

特点是在时间上处于"离散"状态，输入的是数字量，输出的也是数字量，并且在相邻的两个符号之间不可以有第三种符号存在。由于这种处理信号的差异，使得它的组成结构和性能优于模拟式电子计算机。另外，数字计算机运算部件是数字逻辑电路，因此，它的运算精度比较高，通用性也比较强。

（2）模拟计算机

模拟计算机内部的各个主要部件的输入量及输出量都是连续变化着的电压、电流等物理量，也就是说它所有数据都是用连续变化的模拟信号来表示的。它基本的运算部件是由运算放大器构成的各类运算电路。模拟信号在时间上是连续的，通常称为模拟量，如电压、电流、温度都是模拟量。模拟计算机的组成是由若干种作用及数量不同的积分器、加法器、乘法器、函数产生器等部件构成的。

它的工作原理是先把要研究问题的数学模型的一个部件的输出端，与另一个或几个部件的输入端互连起来，这样使整个计算机的输出量与输入量之间的数学关系，变成模拟式的研究问题的客观过程。但是，模拟计算机不如数字计算机计算得精确，并且通用性也不强。由于模拟计算机的解题速度快，因此它主要用于过程控制和模拟仿真。

（3）数模混合计算机

这个名字听上去有点奇怪，什么是数模呢？其实这是指该计算机具备数字计算机和模拟计算机的特点。数模混合计算机又被简称为混合计算机。它通过数模转换器和模数转换器将数字计算机和模拟计算机连接在一起，构成一个完整的混合计算机系统。混合计算机一般由数字计算机、模拟计算机和混合接口三部分构成。模拟计算机部分承担的是快速计算的工作，数字计算机部分承担的是高精度运算和数据处理的工作，因此，这就成就了混合计算机具有运算速度快、计算精度高、逻辑和存储能力强、存储容量大和

▲ 多媒体计算机

仿真能力强等一系列优点。它既能接收、输出和处理模拟量，又能接收、输出和处理数字量。

那么，混合计算机是怎样来工作的呢？其实，在工作的时候，模拟计算机先把它内部的模拟变量，通过模数转换器转换为数字变量，然后再传送至数字计算机中；而数字计算机中的数字变量，通过数模转换器把数字转换为模拟信号，再传送到模拟计算机中。此外，在这一过程中，除了有计算变量的转换和传送外，还有逻辑信号和控制信号的传送。这样，混合计算机在工作的时候就像一个大的运转枢纽，完成各种信号和数据的转换和传送。

目前，混合计算机已经发展成为一种具有自动编排模拟程序能力的混合多处理计算机系统。它是由一台超小型计算机、一两台外围阵列处理机、几台具有自动编程能力的模拟处理机组成。另外，在各类处理机之间，通过一个混合智能接口，就能完成数据和信号的转换与传送。随着电子科学技术的不断发展，混合计算机的应用领

▲ 液晶显示计算机

域也不断扩大，现在它主要用于航空航天、导弹系统等实时性的、高科技含量的大系统中。

2.通用与专用——按照计算机的使用范围分类

我们知道，目前有的计算机是大家都能够通用的，而有的计算机是专用于特殊场合的，属于专用计算机，因此，这说明了在不同的范围内需要使用不同的计算机。根据这一点我们又可以把计算机分为通用计算机和专用计算机两类。

（1）通用计算机

通用计算机是指为解决各种问题而设计的计算机，具有较强的通用性。它的优点是具有较高的运算速度、较大的存储容量、配备齐全的外部设备及软件等。它适合于科学计算、数据处理、工程设计、学术研究以及过程控制等领域。但是，它也具有一定的劣势，比如它与专用的计算机相比，结构比较复杂，而且价格也很昂贵，一般只适合于研究所或者公司使用，不适合个人使用。

（2）专用计算机

顾名思义，专用计算机就是为适应某种特殊应用而设计的计算机，它一般被用来解决某一特定的问题。它的优点是运行效率高、速度快、精度高。它拥有固定的存储程序，一般用在过程控制中，例如，控制轧钢过程的轧钢控制计算机，计算导弹的弹道专用计算机以及智能仪表、飞机的自动控制等。

另外，科学家还研制出了专门供盲人使用的计算机，这就能让盲人和普通人一样，

▲ 中国盲人专用计算机

享受到高科技带给他们的便捷及快乐！盲人计算机从外观上来看与普通计算机没有太大的区别，只是它的键盘上的字母键有一些专供盲人识别的标记，通过指头触摸可以判断出键位。另外，敲打键盘时，不同的字母键会发出与字母相对应的读音。盲人计算机上还安装了语音软件，通过该软件可以将屏幕信息读出来。也就是说，盲人每操作一步都有语音提示，他们就能根据语音的提示来进行计算机的操作了。

■ 3.单核与双核——按照计算机CPU的不同分类 ■

我们知道，CPU是计算机的心脏，如果没有CPU计算机就不能正常工作了。另外，计算机的更新换代与CPU有直接的关系，例如，第一代计算机的体形之所以那么大，是因为它的CPU体积太大了，与目前使用的计算机相比，是现在计算机的几千倍，所以说，CPU的不同也代表着计算机性能的不同。那么，根据不同的CPU，计算机可以分为哪几类呢？就目前使用的计算机来看，可以分为单核和双核计算机。

（1）单核计算机

单核计算机是指在计算机的CPU内只有一个运算器的计算机。这种计算机在工作的时候只用一个运算器进行工作或处理信息。它的特点是单任务处理信息，主频高而快。在双核计算机出现之前，它一直在计算机行业中占据主导地位，目前，也有一部分被继续使用。与双核计算机相比单核计算机的运行速度要慢一些，价格要相对便宜一些。

▲ 单核计算机

（2）双核计算机

双核计算机，顾名思义就是说计算机内部有两个"核"，也就是说在一个计算机的 CPU 中有两个运算器。有的计算机是在主板上装有两个 CPU，每个 CPU 内有一个运算器，有的计算机的主板上只有一个 CPU，但是，这个 CPU 中有两个运算器。它的优点是具有较高的运算速度，与单核计算机相比，能够更快速地处理数据和信息。

▲ 双核中央处理器

其实，简单地说，双核计算机与单核计算机的区别，好比是一件事情用一个人去做和用两个人去做的区别。一个人去做就是用一个脑袋来思考、运行，两个人一起去做就是用两个脑袋思考、运行，而两个人肯定要比一个人做得快。这也正是双核计算机优于单核计算机的主要原因，是计算机上的一个突破。

然而，随着科学技术的不断发展，目前还出现了多核计算机。也就说在一台计算机内有更多的 CPU 存在，并且结构更加精巧。与以前的单核计算机相比，具有更多、更优越的性能和执行能力。有科学家预言，这种多核计算机最终将成为一种广泛普及的计算机模式，因为，多核计算机不仅运行速度快，而且还能在推动个人计算机安全性和虚拟技术方面起到关键作用，能够为虚拟技术的发展提供更好的保护、更高的资源使用率以及更可观的商业价值。

■ **4. 纯平与液晶——按照计算机显示器的不同分类** ■

在计算机刚问世的时候，它的显示器是一个"大巨人"，当计算机发展到今天，显示器已经变得很小了。目前按计算机显示器的不同，能够将计算机分为纯平计算机、液晶计算机和笔记本计算机三种，这也是我们平时所说的纯平电脑、液晶电脑和笔记本电脑。

（1）纯平电脑

　　纯平电脑指显示器是纯平的电脑。
这类电脑的显示器主要由阴极射线管构
成，最大的优势是边角显示，图像显示
清晰，分辨率比较高。但是它也有一定
的缺陷，由于它的体积比较大，所以不
便于携带或挪动，工作时间久了会产生
高温，比较耗电。另外，它的画面颜色
比较生硬，辐射也比较大，时间久了，
对眼睛和人体都有一定的伤害。

▲　纯平显示电脑

（2）液晶电脑

　　液晶电脑指的是显示器为液晶的
电脑，它是在纯平电脑之后发展起来的。
与纯平电脑相比，它具有体积小、机身
薄、节省空间、方便携带和挪动、省电
节能、不产生高温以及辐射小的特点。
另外，它的画面比较柔和，对眼睛的伤
害比较小。因此，它又被称为一种环保

▲　液晶显示电脑

型的电脑。那么，它是不是就没有缺点了呢？它的缺点是由于显示屏是晶面的，
因此容易产生反光现象，并且如果显示器的角度放得不到位，会产生阴影效果。
另外它还怕潮湿，怕碰撞与灰尘，在使用的时候要注意保护。

　　提起笔记本电脑，我们一点也不感到陌生，因为现在很多人都在使用它。

之所以称它为"笔记本",是因为它与我们使用的笔记本外形相似,另外因为体形较小,它又被称为手提电脑或者膝上型电脑。它是一种体积小、可以随时携带的个人电脑,质量一般在1~3千克左右。虽然它的体积小、质量轻,但是功能却很强大,一点也不亚于台式电脑。与纯平电脑、液晶电脑相比,它是一种集外壳、液晶屏、处理器、散热系统、定位设备、硬盘、电池、声卡和显卡以及内置变压器等多种部件于一体的特殊的微型电脑。目前它的类型主要有商务型、时尚型、多媒体应用以及特殊用途的笔记本电脑。它的主要优点是使用方便,便于携带。但是,它也有一定的不足,比如它没有其他类型的电脑的电池耐用,如果电池中的电用完了就必须再次充电才能继续使用,因此在使用的时候一定要有方便的电源供电池充电。目前笔记本电脑技术已经做得很成功了,很多性能已经可以与台式机相媲美。我们相信,随着科技的不断发展,笔记本电脑会有一个更广阔的前景。

知识链接

计算机语言与人类语言

计算机语言（Computer Language）指用于人与计算机之间通信的语言,是由人编写的命令计算机工作的指令集合。它通常是一个能完整、准确和规则地表达人们的意图,并用以指挥或控制计算机工作的"符号系统"。它和人类语言是不同的。人类语言是语音、语义相结合的词汇和语法组织体系,计算机语言是数字艺术。计算机语言只是一种给电脑下达指令的高级语言,人类语言是表达思想感情的一种方式。

第四章

实际操作——
计算机的应用与维修

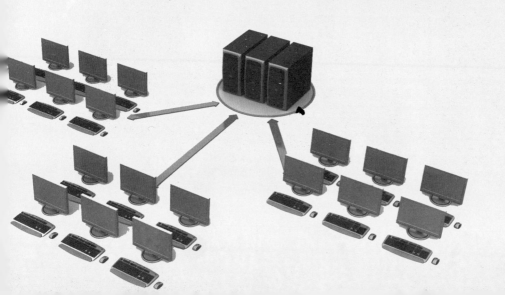

在计算机刚刚出现的时候，它对于人们来说是陌生的，而今天的计算机在人们的眼里就是一种普通的办公或者做其他用途的工具，很熟悉。从陌生到熟悉，是一个认识和理解的过程。当人们熟悉了计算机以后，在很多领域中都要用到它，并且在它"生病"的时候也要给它"治病"，也就是对它进行检修。那么，它都有哪些应用呢？当它出现故障的时候又该如何进行维修呢？本章我们将对它的应用领域与维修进行介绍。

▲ 主板集成电路板

第一节 个性体现——计算机的应用领域

目前，计算机的应用已经涉及生活中的方方面面，大到宇宙飞船、航天、科研，小到家庭娱乐等，都要用到计算机。它正在慢慢地进入人类生活的每一个领域，使人们的生活变得更加丰富多彩，更加便捷。那么，计算机主要都应用在哪些方面呢？

1. 复杂的计算——数值计算

我们生活的时代是一个数字时代，无论在哪方面都要用到数字计算，如果只靠人的大脑去进行运算的话，那将是一件非常庞大的工作，因此，为了能找到一种更为合适的方法，人们就要寻找一种能够帮助他们计算的工具。计算机的出现实现了人们的这一梦想，成了人们生活中不可缺少的数值计算工具。那么，计算机又是怎样来进行运算的呢？

计算机的数值计算主要是用来完成科学研究和工程技术中提出的数学问题的计算。在现代科学技术工作中，科学计算问题是一项量大而又比较复杂的工作。如果用人工的方法去解决，简直是不可能完成的。而利用计算机的高速计算、大存储容量和连续运算的功能，就能够实现人工所无法解决的各种科学计算问题。例如，在建筑设计中，有一些建筑构件的尺寸需要确定。但是，如果利用数学上的弹性力学导出一系列复

▲ 可编程计算器

杂方程式计算的话，随着建筑实业的进展，这种计算方法根本跟不上进度，并且遇到一些比较复杂的构件，还无法求解，因此，这个问题在建筑工作中成了一个令人十分头疼的问题。如果利用计算机，只要把所需要计算的数据按要求输入到计算机内，通过计算机中的运算器就能很快得出结果，

▲ 计算机的外接元件

并且还具有很高的精确性，因此，计算机的出现在弹性理论上引起了一次突破，出现了有限单元法。

另外，对于一些要求精度高的数值也需要用计算机来进行计算。例如人造卫星轨道的计算、气象预报的探测等，都是一些具有很大计算量的工作，并且对计算的速度和精度要求也都很高，人工根本无法做到，因此必须使用计算机来完成。

2. 信息管理员——信息处理

计算机的主要功能就是对信息和数据的处理，因此，信息处理是计算机应用的一个主要方面。计算机的存储能力很大，能够把大量的数据输入计算机中进行存储、加工、计算、分类和整理，因此，它一直被用来做工农业生产计划的制订、科技资料的管理、财务管理、人事档案管理、火车调度管理、飞机订票等。它就像一个"管理员"一样，每时每刻都在进行着信息的管理工

▲ 信息的交换和使用

作。当它收到信息时，就会用最快的速度对信息进行处理，然后会作出快速的反应，把需要的信息反馈出来。当前，我国利用计算机来进行信息处理大约占整个计算机应用的 60%，有些国家高达 80% 以上。

那么，信息处理都是被哪些部门所使用呢？在国内，例如银行对账目的管理，公司对员工考勤及工资的核算，大型商场对货物进出的管理，以及食品营业店对物品销售的记录等，通通都要用到计算机，如果换成人工的话，不仅容易出错，而且还十分麻烦。因此，计算机的信息处理功能给工作、生活等都带来了很大的方便。

■ 3. 生产自动化——过程控制

我们知道，在计算机的内部构造中，有一个部件叫"控制器"，它是计算机重要的组成部件，因为计算机的控制功能都是它的功劳。计算机过程控制也称为实时控制，它主要的功能是及时地搜集、检测数据，按最佳值进行自动控制或自动调节控制对象。过程控制是实现生产自动化的重要手段。例如，现在

▲　电子集中控制台

很多大型的工厂都用自动化设备来进行生产，对机器控制的人员只要通过计算机来查看机器是不是在正常工作就行了，不需要再用人工进行现场监测。这样不仅提高了生产效率，而且还节省了人力。另外，计算机的过程控制已经被广泛应用到大型电站、火箭发射、雷达跟踪、炼钢等各个方面。

▲ 计算机辅助教学——教学课件

4. 工作好助手——辅助作用

计算机的辅助作用是指在以人的工作为主的情况下，通过计算机来更好地完成所要完成的工作。主要应用在辅助教学（CAI）、辅助设计（CAD）以及辅助制造（CAM）等方面。

（1）计算机辅助教学（CAI）

CAI 是在计算机辅助下进行的各种教学活动，是以对话方式与学生讨论教学内容、安排教学进程、进行教学训练的方法与技术。一般用于课堂教学，它能够将要学习的生物、物理、化学等课程中的一些比较抽象的东西，通过计算机形象地展示出来，使学生能够通过直观画面来理解教学内容，加深所学内容的印象。目前，计算机辅助教学模式一般有练习、个别指导、对话与咨询、游戏、模拟、问题求解等几个方面。此外，

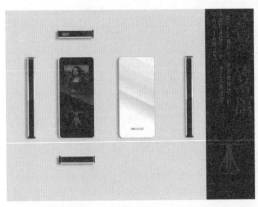

▲ 利用 Auto CAD 软件制作产品

还能够用计算机辅助教学来进行课件的制作，目前在教学上都要求使用多媒体课件，其实就是利用计算机辅助教学实现的。

（2）计算机辅助设计（CAD）

CAD 是指利用计算机及其图形设备帮助设计人员进行设计工作。它在不同的设计方面有不同的作

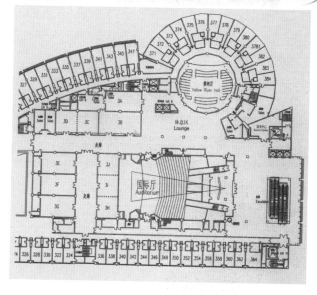

▲ 使用 Auto CAD 软件制作的上海国际会议中心模拟图

用，例如在工程和产品设计中，计算机可以帮助设计人员承担计算、信息存储和制图等方面的工作；在其他一些设计中，要用计算机对不同方案进行大量的计算、分析和比较，以便在最后能够选出最佳方案。

其实，不论哪种设计信息，数字的、文字的或图形的，都可以存放在计算机的内存或外存里，并且在需要的时候能够快速地被检索。在利用计算机进行设计前，设计人员通常会先用草图设计，等草图完工以后，再利用计算机使草图变为工作图。这是一项非常烦琐的工作，如果用人工的方法来绘制的话，难免会出现错误，而由计算机来绘制就能避

▲ 机械制造控制室

▲ 计算机控制的人工智能机器

免这方面的错误。如果发现有绘制错误的地方，可以在计算机上直接进行修改。由此我们可以看出，利用计算机可以进行与图形相关的编辑、放大、缩小、平移和旋转等工作，能够对有关图形的数据进行加工，使所要绘制的图形更加精确。CAD能够减轻设计人员的劳动、缩短设计周期和提高设计质量。

CAD起源于20世纪50年代，是在美国诞生的第一台绘图计算机，开始的时候只具备一些简单的绘图输出功能，被称为被动式的计算机辅助设计技术。60年代初期，出现了CAD的曲面片技术，中期推出商品化的计算机绘图设备。70年代，完整的CAD系统开始形成，出现了能产生逼真图形的光栅扫描显示器，促进了CAD技术的发展。80年代初，随着计算机功能的不断完善，CAD制图也出现了新的变化，它开始走向技术尖端，应用于中小型企业的生产中。80年代中期，CAD技术开始向标准化、集成化、智能化方向发展。它内部系统的构造也由过去的单一功能变为综合功能。此时，计算机集成制造系统就应运而生了。目前，CAD又引入了人工智能和专家系统技术，出现了智能CAD技术，使CAD系统问题的求解能力大为增强，设计的过程也更趋向自动化。它已经成为电子和电气、科学研究、机械设计、软件开发、机器人、服装业、出版业、工厂自动化、土木建筑、地质、计算机艺术等各个领域不可缺少的辅助设备之一。

（3）计算机辅助制造（CAM）

CAM 是指在机械制造业中，利用计算机控制机床和设备的各种数值，自动完成离散产品的加工、装配、检测和包装等制造过程。这是计算机辅助制造的狭义的定义，广义上来讲，计算机辅助制造是指通过直接的或间接的计算机与企业的物质资源或人力资源的连接界面，把计算机技术有效地应用于企业的管理、控制和加工操作中。根据这一定义，计算机辅助制造主要包括企业生产信息管理、计算机辅助设计以及计算机辅助生产、制造三个部分。例如，在机械加工中，能够利用计算机控制各种设备，使它们自动完成零件的加工、装配、包装等过程。另外，还可以实现无图纸加工。这样，在生产制造中，计算机能够给工作带来很大的方便，达到现代化生产的标准。

知识链接

电子邮箱和传统邮箱

传统邮箱（Postbox 或 Mailbox）泛指邮政部门设置在路旁及公共场所接受公众投寄邮件和接收信件的设备，尤其指公用邮筒。另外也指人们居住处的门旁放置的接收信件的设备。传统邮箱是实体。

电子邮箱是网络的一种信息传递方式，是通过网络电子邮局为网络客户提供的网络交流电子信息空间。电子邮箱具有单独的网络域名，它的电子邮局地址在@后标注。电子邮箱是虚拟的空间。

用电子邮箱写信对比传统的写信方式有很大的优势。在以前，一封信在寄出去后往往需要几天的时间才能到达收信人的手中，而通过电子邮箱仅需要几分钟甚至几秒钟就能将邮件送到收信人邮箱中，而且里面可以夹带各种媒体文件，如视频文件、照片、音乐等。

5. 资源共享——网络应用

当互联网出现以后，它与计算机的结合成为人类历史上的一个重要转折，人们把这种新出现的技术称为计算机网络。它的建立不仅解决了一个单位、一个地区、一个国家中计算机与计算机之间的通信，各种软、硬件资源的共享，更使世界变成了一个地球村。为什么这么说呢？因为，计算机网络大大促进了国际间的文字、图像、视频和声音等各类数据的传输与处理，使人与人之间的交流变得更为便捷，即使两个人相距很远，也能通过网络进行聊天、发邮件等。那么，在网络上进行聊天和收发邮件是通过什么来实现的呢？它们是通过聊天工具和邮件管理系统来实现。那么，这些工具和系统都包括哪些呢？

（1）聊天工具

目前使用的聊天工具有QQ、MSN、Yahoo Messenger等，其中QQ是使用最多、最广泛的一种面向国际的聊天工具；MSN又被称为MSN Messenger，它是一个出自微软公司的即时通信工具，

▲ 互联网示意图

与 QQ 一样，也是一种网络聊天的工具；Yahoo Messenger 的中文名字是"雅虎通"，它也是一种聊天工具，并且在国际上占有主流地位，是即时通信工具之一。

① QQ

当我们打开电脑，看到那个小企鹅的时候，我们就知道它是 QQ。的确，它在我们的心目中已经成为一种标志，是 QQ 的象征。其实，QQ 之前并不叫 QQ，是模

▲ 腾讯 QQ

拟 ICQ 而来的。ICQ 是面向国际的一个聊天工具，英文是 I seek you，是"我找你"的意思。后来，腾讯公司也想仿造 ICQ 推出一种聊天工具，于是就取名为 OICQ，也就是在 ICQ 前加了一个字母 O，英文是"Opening I seek you"，意思是"开放的 ICQ"。没有想到的是，这种行为遭到了 ICQ 的侵权指责，认为腾讯公司侵犯了他们的所有权。因此，腾讯就把 OICQ 改成了 QQ。从此以后，它就成了我们生活中重要的聊天工具，并且一直沿用到今天。

那么，QQ 为什么能在通信软件中发展得那么快呢？其实，它的脱颖而出一半靠的是实力，另一半靠的是运气。它的发展历史开始于"深圳市腾讯计算机系统有限公司"的创立。该公司是由腾讯老总马化腾和他大学时的同班同学张志东于 1998 年 11 月 12 日注册

▲ 使用 QQ 软件沟通联系

▲ QQ 游戏

成立的。它的成立拉开了 QQ 走向舞台的序幕。

在 20 世纪 90 年代的时候，由于我国的特殊国情，大部分的公司刚开始接触、运用网络来拓展业务，腾讯公司正是根据这一特殊情况，建立了网上寻呼系统。这是一种针对企业或单位的软件开发工程，几乎所有的中小型网络服务公司都能够选择使用，这为 QQ 的发展奠定了坚实的基础，也是它最终能把其他竞争对手全部埋没，占领了中国在线即时通信软件 74% 以上的市场的主要原因。

QQ 都有哪些功能呢？使用 QQ 可以与你的好友进行交流，可以即时发送和接收信息、自定义图片或相片，还可以进行语音、视频面对面的聊天。总的来说，它的功能非常全面。另外我们还能用 QQ 进行手机聊天、聊天室交流、点对点续传文件、共享文件、QQ 邮箱、玩游戏、建立网络收藏夹、发送贺卡等。

随着网络的不断发展与完善，QQ 不再单单是简单的即时通信软件了，它还能与全国多家移动通信公司进行合作，实现传统的无线寻呼网、GSM 移动电话的短消息互联等，目前是国内最为流行的、功能最强的即时通信软件。

QQ 所具有的支持在线聊天、即时传送视频、语音以及文件等功能，给我们的生活带来很大的方便。我们再也不用为了传送一个文件而费尽周折了，只要彼此都在线，点击一下鼠标，就能把所需要的文件传送到目的地。同时，QQ还可以与移动通信终端、IP电话网、无线寻呼等多种通信方式相连，使QQ成为一种方便、实用、高效的即时通信工具。

目前，QQ还开发出了新的娱乐功能，例如QQ头像、QQ空间、QQ邮箱、QQ宠物、QQ校友、QQ秀，等等，并且根据不同的QQ等级对用户进行划分，比如有QQ会员、QQ红钻、QQ黄钻、QQ蓝钻、QQ堂紫钻，等等，不过除了QQ会员是不收取费用的外，其他的要收取费用。那么，既然QQ那么有意思、方便、好玩，我们要怎样做才能有一个QQ号呢？其实这是一件很简单的事情，只要电脑中装有QQ软件，你只需要点击一下小企鹅的头像，弹出对话框，然后在对话框中找到"申请账号"的标志，按照要求填写个人资料后就能得到一个QQ号，并且还是免费的。.

由此我们知道，QQ是一种非常便捷的即时通信工具。随着网络的不断发展，它在我们生活中的地位越来越重要，它不仅能够给我们带来交流上的方便，而且还能给我们带来快乐！QQ的世界是一个美妙的虚幻世界，是一个网络聊天室，是一种别样的交流方式。

② MSN

看到这一头像，是不是很像一个正在进行对话的人？其实它正是代表对话的意思，它是MSN即时聊天工具的标志性图形。那么，你了解MSN吗？

MSN的全称是Microsoft Service Network，中文意思是"微软网络服务"。它是由微软公司推出的一种即时聊天工具，于1999年7月发布，是四大顶级个人即时通信工具之一。在国内，相对于腾讯

▲ MSN 标志性头像

QQ 而言，它没有 QQ 流行。不过，随着国际化的发展，它也正慢慢走向人们的电脑屏幕。

那么，MSN 到底是如何来发挥它的功能的呢？它是通过互联网把用户的计算机与 MSN Messenger 的服务器相连，也就是说，客户端通过服务器和其他的客户端之间进行收发消息。例如，当发送一个消息的内容是"这里是一个信息，它要传给……"这个信息发出后就会被服务器处理，然后再通过服务器传送给客户端。这样就能实现相距很远的两个人之间的对话了。

如果想要使用 MSN 与自己的朋友或者家人进行聊天的话，首先我们要在 MSN 的官方网站下载一个 MSN 应用程序，等待程序安装好后，就能申请一个 MSN 的账号，用账号来登录就可以使用了。

▲ MSN 的用户管理菜单栏

那么，作为国际主流的即时通信工具 MSN，它具有哪些特点呢？它所具有的特点是管理好友组、发送即时消息、保存对话、更改和共享背景、添加或删除或修改自定义图示、更改或隐藏显示图片、设置联机状态、阻止某人看见你或与你联系、更改你的名称的显示方式、使用网络摄像机进行对话、语音对话、视频会议、发送文件和照片、建立或加入群以及移动 MSN 等。与腾讯 QQ 相比，

▲ 雅虎通网站界面

它们既有相同的地方也有不同之处。

总之，无论哪一种聊天工具，都有属于它自己的特色，并且我们也要根据自己的需要和喜好来进行选择使用哪一种聊天工具。

③ Yahoo Messenger

Yahoo Messenger 的中文名字是"雅虎通"，也是国际主流即时通信工具之一。但是在国内，和腾讯 QQ、微软的 MSN 相比，它的使用不是很多。然而，它的出现，却掀开了门户网站进入即时通信市场的序幕。

它所具有的功能与前面所介绍的两种聊天工具有所不同，主要是它具有百宝箱导航，多彩功能随意挑；效率手册帮我们随时掌握每日工作安排，更可以与好友共享日程安排；邮件更新随时掌握，查询邮件更方便；收发文件更简洁，接收文件提供多种保存方式，发送文件支持拖拽文件到聊天窗口；联系好友更简单，只要持有"雅虎通"好友名片的支持，就能直接以登录状态进入好友空间或者雅虎邮箱发信页面等。由此，我

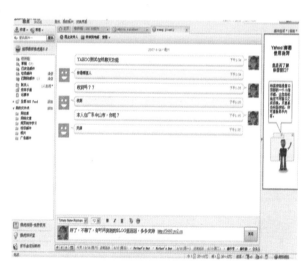

▲ "雅虎通"网站对话框

们可以看出，这是一种比较适合商业人士、白领阶层使用的聊天工具。目前，为了能够满足更多的人使用"雅虎通"，在原有基础上又新增了很多聊天功能，例如头像设置、登录界面的人性化设计、聊天记录管理、表情图标的优化等。

（2）电子邮件（E-mail）

以前，我们想要给朋友或者家人写封信，要到邮局去邮寄。一般情况下，能够安全到达的时间最快也要一个星期左右。并且有的情况下还会出现信件丢失的情况，一点也不方便。随着社会的发展，通信变得越来越便捷。自从世界上的第一封电子邮件发出后，它便注定要成为我们生活中不可或缺的一部分。今天的电子邮件对我们来说一点也不陌生了，它是我们与外界沟通的方式之一。

电子邮件的英文名称为"Electronic Mail"，简称 E-mail，它的标志是用一个"@"来表示。根据它英文的发音，也被大家呢称为"伊妹儿"，又称电子信箱、电子邮政等，是一种用电子手段提供信息交换的通信方式。通过网络的电子邮件系统来发邮件，比传统的发邮件要方便得多，不仅费用非常低廉，而且速度非常快。无论想要把邮件发送到哪里，只需负担电费和网费就可以了，并且在几分钟内就能把要发送的邮件发送到发件人指定的

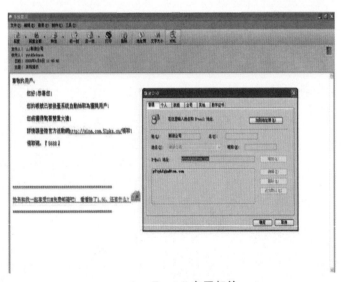

▲ E-mail 电子邮件

任何目的地，与世界上任何一个角落的网络用户联系。另外，电子邮件的内容可以是文字、图片、声音，也可以是视频短片等。

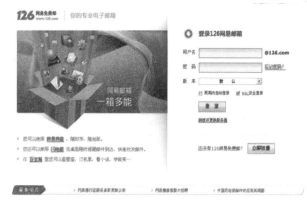

▲ 网易 126 邮箱登录界面

那么，既然电子邮件有这么多的好处，我们要怎样在网上进行邮件的收发呢？首先我们要有一个邮件账号，也就是我们常说的邮箱，它就像我们用传统的方式寄信时所要使用的地址一样。有了这个邮箱，我们就能很方便地与外界进行联系。那么我们如何能拥有一个这样神奇的邮箱呢？目前有很多门户网站上都设有"免费邮箱申请"的功能，例如网易、腾讯、雅虎等，只要我们登录上这些网站的页面，点击申请邮箱的图标，然后进行注册，就能得到一个既方便又实用的邮箱了。

由于电子邮件使用简易、投递迅速、收费低廉、易于保存、全球畅通无阻，使电子邮件被广泛地应用，改变了人们传统的通信交流方式。此外，我们还能

▲ 网易 126 邮箱功能界面

够同时投递多个电子邮件，也就是说我们能够一次性地把一封电子邮件投递给多个人。这样就能实现一对多的交流。这些都是传统邮件所不具备的，也是它无法实现的。不过有一点要注意，在使用电子邮件的时候一定要注意邮件的安全，要充分利用电子邮件的特殊功能，做到安全收发邮件。

总之，电子邮件是一种综合电话通信和邮政信件优点的邮件，它在传送信息的时候，既有和电话一样快的速度，又有和信件一样的文字记录，不仅能够满足即时的需求，而且又能做到内容详细。电子邮件系统又称基于计算机的邮件报文系统，它承担从邮件进入系统到邮件到达目的地为止的全部处理过程。电子邮件不仅可利用电话网络，而且可以利用任何通信网传送。

知识链接

汉字录入的几种方式

我们使用计算机的时候，是通过什么途径把我们想要说的话录入计算机的呢？有的人肯定会说通过打字。的确，我们是通过打字把想要说的话输入到计算机中的。那么，打字都有哪几种方式呢？

首先就是我们常用的五笔字型输入法，它的发明人是王永民。目前中国以及东南亚的一些国家，例如新加坡、马来西亚等，使用的都是这种汉字输入法。随着计算机科学的不断发展，目前的五笔字型主要有小鸭五笔输入法、极品五笔输入法、万能五笔输入法、王码五笔输入法、智能五笔输入法、极点五笔输入法、海峰五笔输入法、搜狗五笔等。另外，除了五笔字型输入法以外，能够进行文字录入的还有智能ABC、搜狗拼音等方法。

6. 办公自动化——文件处理

计算机不仅能够帮助我们进行数值计算、信息处理、过程控制、辅助教学与设计、人工智能以及网络应用等，而且还有办公自动化的功能。目前使用的办公自动化软件有很多，最常用的有 Microsoft Word、Excel、Power point 等。

（1）Microsoft Word

Microsoft Word 是微软公司开发出来的一种文字处理器应用程序。它最初是在 1983 年为了运行 DOS 的 IBM 计算机而编写的。此后，随着计算机的发展，它的版本也可运行于 Apple Macintosh、SCO UNIX 以及 Microsoft Windows，并且成了 Microsoft Office（办公软件）的一部分。

目前，我们主要使用 Word 来进行编辑信件、报告、网页以及电子邮件中的文本和图形等。Microsoft Word 具有很多先进的功能，例如支持具有高影响力的图形，以及能用这些图形进行更有效的交流。这些图形包括 3D 形状、透明性、阴影和其他效果的制图和图表功能，能够帮助我们创建具有专业外观的图形，产生更有效的文档。另外，它还具有快速样式和文档主题，可以快速、方便地更改整个文档的文本、表格以及图像外观，直到达到个人满意为止；它还具有一套全面的写入工具，能够帮助用户创建具有专业外观的文档等。

随着 Microsoft Word 的不断发展，现在已经有 Microsoft Word 2016 的出现，与 Microsoft Word 2003 相比，它具有一系列更先进的功能。例如它主要是集中于文档的撰写、信息的传达、快速构建预定义的文档等。

▲ 微软办公软件封面

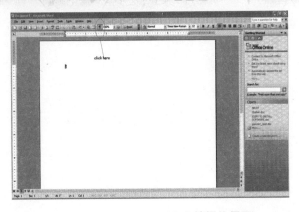

▲ Microsoft Word 2003 文档操作界面

总之，不管是哪个版本的 Microsoft Word，它们主要的用途是文档的处理和编写、文字的编辑和修改，以及不同资料之间的整合与罗列、图文组合等。并且在 Microsoft Word 中还有很多快捷键的使用，例如 Ctrl+C 是复制，Ctrl+A 是全选，Ctrl+X 是剪切，Ctrl+V 是粘贴等。有了这些快捷键的使用，使文档编辑变得更加方便和快捷。

（2）Microsoft Excel

Microsoft Excel 也是由微软公司开发的办公软件之一，是微软公司为 Windows 和 Apple Macintosh 操作系统而编写和运行的一款试算表软件。它主要是用来执行计算、分析信息、管理电子表格以及网页中的列表。从它问世到现在，以直观的界面、出色的计算功能和图表工具，一直在微机数据处理软件中立于不败之地。它为什么会有这样强大的功能呢？

其实，刚开始用来进行数据处理的软件并不是 Excel，微软公司推出的第一款电子制表软件是 Multiplan，虽然在部分计算机的系统上得到了成功的应用，然而却不能在 DOS 系统上使用。于是微软在原有的基础上进行了改进，这就是 Excel 诞生的背景。

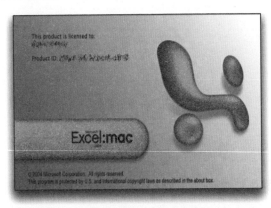

▲ Microsoft Excel

1987 年，第一款 Excel 问世，这是一款适用于 Windows 系统的制表软件，得到广泛的应用。后来，随着计算机技术的发展，Excel 的版本也在不断地更新，目前使用的最新版本是 Microsoft Office Excel 2016。

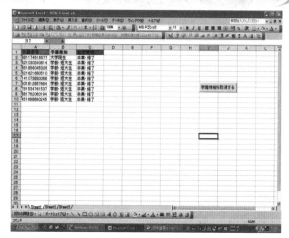

▲ Microsoft Excel 工作表界面

使用 Excel 能够建立各种各样的工作表，能够进行数据管理，工资、出勤以及其他方面的统计和计算工作。一般在内存允许的情况下，工作簿中的工作表的个数不受限制。在使用的过程中先对它进行详细的了解，因为有很多快捷方式能够被使用。例如，当输入数字的序列时，只需要输入前 3 个数字，然后选中所输入的数字后，用鼠标直接拖动就能自动生成数字序列，这样就不用再一个一个地输入，节省了时间和精力。

目前，Excel 已经应用到很多领域中，大到科研计算，小到公司的数据统计等，在社会生活的各个领域中都要使用到它。它的存在为人们进行数据的统计和计算带来了很大的方便。

（3）Microsoft Power point

Microsoft Power point 也属于办公软件之一，是一种专门用于设计制作教学课件、广告产品演示、学者、专家专题报告以及某种宣传的电子版幻灯片，并且其制作而成的演示文稿是可以通过计算机的屏幕或者投影机来进行播放的。

它的出现给我们营造了一个丰富形象的世界，例如在教学上的应用，能够打破传统教学中的枯燥局面，能够把教学内容变成电子稿件，加上丰富的图片、视频短片、声音等，使原本枯燥的文字内容变得丰富多彩。它能把人的内心活

▲ Power point 幻灯软件

动展示得更形象，达到图文并茂的效果。另外，当我们需要 Power point 的纸稿的时候，我们也能够将它打印出来，制作成胶片等。利用 Power point 不仅可以创建演示文稿，还可以在互联网上召开面对面会议、远程会议或在网上给观众演示文稿。

另外，在使用中我们一般称 Power point 为"PPT"，其实这是根据它的格式来称呼它的。它是一种文件，也是一种演示稿，其中的每一页被称为"幻灯片"，每张幻灯片之间既是独立的又是可以连接的。并且，在新创建一个演示文稿的时候，我们可以选择不同的模板，这些模板能够增加版面的美观性，可以根据自己的喜好以及所要演示的内容来进行选择。在 Power point 中，有很多的效果可以添加在演示稿中，这样不仅能增加翻页的速度，而且也能避免观看者的眼睛疲劳。我们还能在 Power point 中设置动画的效果，能够使要演示的画面更加丰富。不过，要想做到这样是需要细心学习的，一个好的演示文稿是要花很大的心思才能做好的。首先我们要选择与演示内容相关的 PPT 模板，还要对它的内容进行编辑，比如加一些图片、视频短片、图像以及音乐等。同时也可以在上面加一些小链接，通过一个按钮就能跳到下一个页面或者别的网站上去，使它能够更加生动有趣。

PPT 在生活中非常实用，是很多场合必备的软件之一。它不仅能够给我们

▲ Power point 演示文稿界面图

的工作带来方便，而且还能够让人们更容易理解一些生硬的东西。

以上是计算机办公软件中的 3 种常用软件，它们的存在使人们脱离了传统中只能靠手工来工作的落后局面，为人们的工作带来了更便捷的方式，提高了工作效率，节约了人力、物力，这也是我们称它们为办公自动化软件的主要原因。

知识链接

文件备份

备份文件就是把你需要的、很重要的东西复制一份放在一个安全的地方，如果原来的文件不小心丢失或损坏了，可以用它来代替。

1.把文件复制到 U 盘上。

2.把文件复制到移动硬盘上。

3.使用刻录机把文件刻录（复制）到光盘上。

4.把文件复制到邮箱里（云盘或其他注册虚拟空间）。

5.把文件复制到电脑的其他文件夹里。

7.人工智能——智能时代

人工智能是 1956 年由雨果·德·加里斯提出的。它是研究、开发用于模拟、延伸和扩展人的智能的理论、方法、技术及应用系统的一门新的技术科学。人工智能是计算机科学的一个分支，它企图了解智能的实质，并生产出一种新的能与人类智能相似的方式做出反应的智能机器，该领域的研究包括机器人、语言识别、图像识别、自然语言处理和专家系统等。人工智能从诞生以来，理论和技术日益成熟，应用领域也不断扩大，可以设想，未来人工智能带来的科技

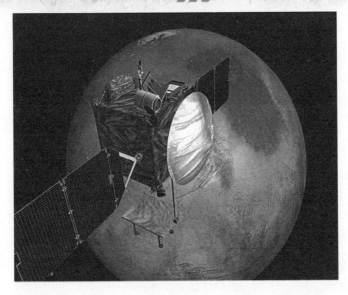

产品，将会是人类智慧的"容器"。人工智能是对人的意识、思维的信息过程的模拟。人工智能不是人的智能，但能像人那样思考、也可能超过人的智能。

人工智能是一门极富挑战性的科学，从事这项工作的人必须懂得计算机知识、心理学和哲学。人工智能是包括十分广泛的科学，它由不同的领域组成，如机器学习、计算机视觉等等。总的说来，人工智能研究的一个主要目标是使机器能够胜任一些通常需要人类智能才能完成的复杂工作。但不同的时代、不同的人对这种"复杂工作"的理解是不同的。

人工智能的定义可以分为两部分，即"人工"和"智能"。"人工"比较好理解，争议性也不大。有时我们会要考虑什么是人力所能及制造的，或者人自身的智能程度有没有高到可以创造人工智能的地步，等等。但总的来说，"人工系统"就是通常意义下的人工系统。

关于什么是"智能"，问题就多了。这涉及到其他诸如意识、自我、思维（包括无意识的思维）等问题。人唯一了解的智能是人本身的智能，这是普遍认同的观点。但是我们对我们自身智能的理解都非常有限，对构成人的智能的必要元素也了解有限，所以就很难定义什么是"人工"制造的"智能"了。因此人工智能的研究往往涉及对人的智能本身的研究。关于动物或其他人造系统的智能也普遍被认为是人工智能相关的研究课题。

人工智能在计算机领域内，得到了愈加广泛的重视。并在机器人、经济政治决策、控制系统和仿真系统中得到应用。

尼尔逊教授对人工智能下了这样一个定义："人工智能是关于知识的学科——怎样表示知识以及怎样获得知识并使用知识的科学。"而另一个美国麻省理工学院的温斯顿教授认为："人工智能就是研究如何使计算机去做过去只有人才能做的智能工作。"这些说法反映了人工智能学科的基本思想和基本内容。即人工智能是研究人类智能活动的规律，构造具有一定智能的人工系统，研究如何让计算机去完成以往需要人的智力才能胜任的工作，也就是研究如何应用计算机的软硬件来模拟人类某些智能行为的基本理论、方法和技术。

人工智能是计算机学科的一个分支，20 世纪 70 年代以来被称为世界三大尖端技术之一（空间技术、能源技术、人工智能）。也被认为是 21 世纪三大尖端技术（基因工程、纳米科学、人工智能）之一。这是因为近 30 年来它获得了迅速的发展，在很多学科领域都获得了广泛应用，并取得了丰硕的成果。人工智能已逐步成为一个独立的分支，无论在理论和实践上都已自成一个系统。

人工智能是研究使计算机来模拟人的某些思维过程和智能行为（如学习、推理、思考、规划等）的学科，主要包括计算机实现智能的原理，制造类似于人脑智能的计算机，使计算机能实现更高层次的应用。人工智能将涉及到计算机科学、心理学、哲学和语言学等学科。可以说几乎是自然科学和社会科学的所有学科，其范围已远远超出了计算机科学的范畴。人工智能与思维科学的关系是实践和理论的关系，人工智能处于思维科学的技术应用层次，是它的一个应用分支。从思维观点看，人工智能不是仅限于逻辑思维，要考虑形象思维、

灵感思维才能促进人工智能的突破性的发展，数学常被认为是多种学科的基础科学，数学也进入语言、思维领域，人工智能学科也必须借用数学工具，数学不仅在标准逻辑、模糊数学等范围发挥作用，而且进入人工智能学科，它们将互相促进而更快地发展。

人工智能研究内容包括机器视觉、指纹识别、人脸识别、视网膜识别、虹膜识别、掌纹识别，以及专家系统、自动规划、智能搜索、定理证明、博弈、自动程序设计、智能控制、机器人学、语言和图像理解、遗传编程等。

人工智能是一门边缘学科，属于自然科学和社会科学的交叉。涉及哲学和认知科学、数学、神经生理学、心理学、计算机科学，以及信息论、控制论和不定性论。

人工智能就其本质而言，是对人的思维的信息过程的模拟。

对于人的思维模拟可以从两条道路进行，一是结构模拟，仿照人脑的结构机制，制造出"类人脑"的机器；二是功能模拟，暂时撇开人脑的内部结构，而从其功能过程进行模拟。现代电子计算机的产生便是对人脑思维功能的模拟，是对人脑思维的信息过程的模拟。

人工智能如今不断地迅猛发展，尤其是 2008 年经济危机后，美日欧希望借机器人等实现再工业化，工业机器人以比以往任何时候更快的速度发展，更加带动了人工智能和相关领域产业的不断突破，很多必须用人来做的工作如今已经能用机器人实现。

现在用来研究人工智能的主要物质基础以及能够实现人工智能技术平台的机器就是计算机，人工智能的发展历史是和计算机科学技术的发展史联系在一起的。除了计算机科学以外，人工智能还涉及信息论、控制论、自动化、仿生学、生物学、心理学、数理逻辑、语言学、医学和哲学等多门学科。人工智能学科研究的主要内容包括：知识表示、自动推理和搜索方法、机器学习和知识获取、知识处理系统、自然语言理解、计算机视觉、智能机器人、自动程序设计等方面。

如今没有统一的原理或范式指导人工智能研究。在许多问题上研究者都存在争论。其中几个长久以来仍没有结论的问题是：是否应从心理或神经方面模拟人工智能？或者像鸟类生物学对于航空工程一样，人类生物学对于人工智能研究是没有关系的？智能行为能否用简单的原则（如逻辑或优化）来描述？还是必须解决大量完全无关的问题？人工智能是否可以使用高级符号表达，如词和想法？还是需要"子符号"的处理？主要包括以下方法：大脑模拟，符号处理，子符号法，统计学法，集成方法。

人工智能是一门边沿学科，属于自然科学、社会科学和技术科学三向交叉学科。目前研究范畴主要包括：语言的学习与处理，知识表现，智能搜索，推理，规划，机器学习，知识获取，组合调度问题，感知问题，模式识别，逻辑程序设计，软计算，不精确和不确定的管理，人工生命，神经网络，复杂系统，遗传算法，人类思维方式，最关键的难题还是机器的自主创造性思维能力的塑造与提升。

人工智能还在研究中，但有学者认为让计算机拥有智商是很危险的，它可能会反抗人类。这种隐患也在多部电影中发生过，其主要的关键是允不允许机器拥有自主意识的产生与延续。如果使机器拥有自主意识，则意味着机器具有与人同等或类似的创造性、自我保护意识、情感和自发行为。

人工智能在计算机上实现时有两种不同的方式。一种是采用传统的编程技术，使系统呈现智能的效果，而不考虑所用方法是否与人或动物机体所用的方法相同。这种方法叫工程学方法，它已在一些领域内作出了成果，如文字识别、电脑下棋等。另一种是模拟法（它不仅要看效果，还要求实现方法也和人类或生物机体所用的方法相同或相类似）。遗传算法和人工神经网络均属后一类型。遗传算法模拟人类或生物的遗传—进化机制，人工神经网络则是模拟人类或动物大脑中神经细胞的活动方式。为了得到相同智能效果，两种方式通常都可使用。采用前一种方法，需要人工详细规定程序逻辑，如果游戏简单，还是方便的；如果游戏复杂，角色数量和活动空间增加，相应的逻辑就会很复杂（按指数式增长），人工编程就非常繁琐，容易出错。而一旦出错，就必须修改原程序，重新编译、调试，最后为用户提供一个新的版本或提供一个新补丁，非常麻烦。采用后一种方法时，编程者要为每一角色设计一个智能系统（一个模块）来进行控制，这个智能系统（模块）开始什么也不懂，就像初生婴儿那样，但它能够学习，能渐渐地适应环境，应付各种复杂情况。这种系统开始也常犯错误，

但它能吸取教训，下一次运行时就可能改正，至少不会永远错下去，用不着发布新版本或打补丁。利用这种方法来实现人工智能，要求编程者具有生物学的思考方法，入门难度大一点。

但一旦入了门，就可得到广泛应用。由于这种方法编程时无须对角色的活动规律做详细规定，应用于复杂问题，通常会比前一种方法更省力。

※ 人工智能的应用

自动：自动驾驶，猎鹰系统等。以知识本身为处理对象，研究如何运用人工智能和软件技术，设计、构造和维护知识系统。

知觉：机器感知、计算机视觉和语音识别。机器感知是指能够使用传感器所输入的资料（如照相机，麦克风等传感器）来感知世界的状态。计算机视觉能够分析影像输入。另外还有语音识别、人脸辨识和物体辨识。

社交：情感计算，一个具有表情等社交能力的机器人。

未来，人工智能应用会越来越广泛和普及，机器翻译、智能控制、专家系统、机器人学、语言和图像理解、遗传编程、机器人工厂、自动程序设计、航天应用、庞大的信息处理、储存与管理，以及执行化合生命体无法执行的或复杂或规模庞大的任务等等。

8.3D 打印——个人定制

3D 打印是一种以数字模型文件为基础，运用粉末状金属或塑料等可黏合材料，通过逐层打印的方式来构造物体的新型技术。

3D 打印通常是采用数字技术材料打印机来实现的。常在模

具制造、工业设计等领域被用于制造模型，后逐渐用于一些产品的直接制造，像工业的零部件等。该技术在工业设计、建筑、工程和施工、汽车，以及航空航天、牙科和医疗产业、教育、地理信息系统、土木工程等领域都有所应用。

1986 年，世界上第一台商业 3D 印刷机诞生。它是利用光固化和纸层叠等技术的最新快速成型装置。它与普通打印工作原理基本相同，打印机内装有液体或粉末等"打印材料"，与电脑连接后，通过电脑控制把"打印材料"一层层叠加起来，最终把计算机上的蓝图变成实物。这种打印技术称为 3D 立体打印技术。

3D 打印只是打印材料有些不同，普通打印机的打印材料是墨水和纸张，而 3D 打印机内装有金属、陶瓷、塑料、砂等不同的"打印材料"，是实实在在的原材料，打印机与电脑连接后，通过电脑控制可以把"打印材料"一层层叠加起来，最终把计算机上的设计变成实物。通俗地说，3D 打印机是可以"打印"出真实的 3D 物体的一种设备，比如打印一个机器人、打印玩具车、打印各种模型等等。

类型	累积技术	基本材料
挤压	熔融沉积式	热塑性塑料，共晶系统金属，可食用材料
线	电子束自由成型制造	合金材料
粒状	直接金属激光烧结	合金材料
	电子束熔化成型	钛合金材料
	激光熔化成型	钛合金，钴铬合金，不锈钢，铝
	热烧结	热塑性粉末
	激光烧结	热塑性塑料，金属粉末，陶瓷粉末
粉末层喷头 3D 打印	石膏 3D 打印	石膏材料
层压	分层实体制造	纸，金属膜，塑料薄膜
光聚合	立体平板印刷	光硬化树脂
	数字光处理	光硬化树脂

3D打印存在着许多不同的技术。它们的不同之处在于以可用的材料的方式，并以不同层构建创建部件。3D打印常用材料有尼龙玻纤、聚乳酸、ABS树脂、耐用性尼龙材料、石膏材料、铝材料、钛合金、不锈钢、镀银、镀金、橡胶类材料等。

（1）材料的限制

虽然高端工业印刷可以实现塑料、某些金属或者陶瓷打印，但有些打印的材料都是比较昂贵和稀缺的。另外，打印机也还没有达到成熟的水平，无法支持和满足日常生活中所接触到的各种各样的材料。所有3D打印目前还有许多瓶颈需要科学家去努力解决。常见的问题障碍是：

①机器的限制。每个人都能随意打印想要的东西，那么机器的限制就必须得到解决才行。

②知识产权的忧虑。人们可以随意复制任何东西，并且数量不限。如何制定3D打印的法律法规用来保护知识产权。

③道德的挑战。如果有人打印出生物器官和活体组织，会遇到极大的道德问题。

④花费的承担。3D打印技术需要承担的花费是高昂的。

每一种新技术诞生初期都会面临着这些类似的障碍，但相信找到合理的解决方案，3D打印技术的发展将会更加迅速，也只有不断地更新才能达到最终的完善。

（2）应用领域

海军舰艇，航天科技，医学领域，房屋建筑，汽车行业，电子行业，服装服饰。

9.大数据——高效实用

大数据，是由维克托·迈尔—舍恩伯格及肯尼斯·库克耶编写的《大数据时代》

中提出的，大数据有五个特点：大量、高速、多样、价值、真实性。这些数据来自社会生活、社交网络、电子商务网站、顾客来访记录等，当然还有许多其他来源。它的特色在于对海量数据的挖掘，但它必须依托云计算的分布式处理、分布式数据库、云存储和/或虚拟化技术，采用分布式计算架构，对海量数据采集、加工、整理、筛选、分类，最后应用到各行各业。

奥巴马政府甚至将大数据定义为"未来的新石油"。大数据时代已经来临，它将在众多领域掀起变革的巨浪。因为大数据的核心在于为客户挖掘数据中蕴藏的价值，而不是软硬件的堆砌。因此，针对不同领域的大数据应用模式、商业模式研究将是大数据产业健康发展的关键。大数据就是互联网发展到现今阶段的一种表象或特征而已，没有必要神话它或对它保持敬畏之心，在以云计算为代表的技术创新大幕的衬托下，这些原本很难收集和使用的数据开始容易被利用起来了，通过各行各业的不断创新，大数据会逐步为人类创造更多的价值。

现在的社会是一个高速发展的社会，科技发达，信息流通，人们之间的交流越来越密切，生活也越来越方便，大数据就是这个高科技时代的产物。

大数据的价值体现在以下几个方面：

①对大量消费者提供产品或服务的企业可以利用大数据进行精准营销。

②做小而美模式的中长尾企业可以利用大数据做服务转型。

③面临互联网压力之下必须转型的传统企业需要与时俱进，充分利用大数据的价值。

④根据客户的购买习

惯，为其推送他可能感兴趣的优惠信息。

⑤从大量客户中快速识别出金牌客户。

⑥使用点击流分析和数据挖掘来规避欺诈行为。

从各种各样类型的数据中，快速获得有价值信息的能力，就是大数据技术。明白这一点至关重要，也正是这一点促使该技术具备走向众多企业的潜力。

有业界人士将大数据归纳为4个"V"，即：第一，数据体量巨大（Volume）。从 TB 级别，跃升到 PB 级别。第二，数据类型繁多（Variety）。包括网络日志、视频、图片、地理位置信息等等。第三，价值密度低（Value）。以视频为例，连续不间断监控过程中，可能有用的数据仅仅有一两秒。第四，处理速度快（Velocity）。最后这一点也是和传统的数据挖掘技术有着本质的不同。

物联网、云计算、移动互联网、车联网、手机、平板电脑、PC 以及遍布地球各个角落的各种各样的传感器，无一不是数据来源或者承载的方式。

大数据最核心的价值就是对于海量数据进行存储和分析。相比起现有的其他技术而言，大数据的"廉价、迅速、优化"这三方面的综合成本是最佳的选择。

（1）市场

中国人口众多，互联网用户数在 2017 年已经超过 8 亿人，全球第一。海量的互联网用户创造了大规模的数据量。在未来的市场竞争中，能在第一时间从大量互联网数据中获取最有价值信息的企业才最具有优势。

当前，大部分中国企业在数据基础系统架构和数据分析方面都面临着诸多挑战。根据产业信息网调查，目前国内大部分企业的系统架构在应对大量数据时均有扩展性差、资源利用率低、应用部署复杂、运营成本高和高能耗等问题。

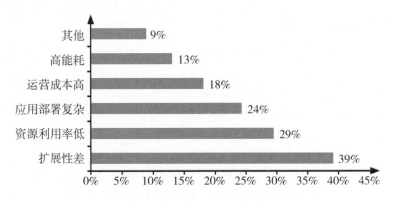

▲ 中国企业数据系统架构存在的问题

2011 年是中国大数据市场的元年，部分 IT 厂商已经推出了相关产品，一些企业已经开始实施一些大数据解决方案。中国大数据技术和服务市场将在未来几年快速增长。2012 年即达到 4.7 亿元，增长率高达 80.8%；2016 年接近 100 亿元。

十二届全国人大三次会议上明确提出，实施"互联网＋"行动计划，发展分享经济，实施国家大数据战略。大力发展工业大数据和新兴产业大数据，利用大数据推动信息化和工业化深度融合，从而推动制造业网络化和智能化，正成为工业领域的发展热点。明确工业是大数据的主体，工业大数据的价值正是在于其为产业链提供了有价值的服务，提升了工业生产（工业 4.0 时代）的附加值。

（2）未来之路

①物联网将成为主流；

②机器将在重大决策中发挥更大作用；

③文本分析将被更为广泛使用；

④数据可视化工具将统治市场；

⑤公众将会对隐私产生巨大恐慌；

⑥公司和机构将竞相寻找数据人才；

⑦大数据将提供解开宇宙中众多谜团的钥匙。

第二节　细致入微——计算机的维修与保护

计算机和人一样，使用得时间长了也会"生病"。那么，当计算机"生病"的时候我们怎样给它"治病"呢？在它没有"生病"的时候我们又该怎样去保护它、使它有效预防"疾病"呢？

在维修计算机之前必须真正地去了解我们的计算机，知道关于它的一些防护信息，比如它的哪些部位是不能随便乱动的，哪些部位是需要防护的，等等。计算机看上去笨头笨脑的，一副很憨厚的样子，其实它是最需要保护的，与其他的电子产品相比，它是比较脆弱的。那么，在对计算机进行维修之前，我们应该注意哪些事项呢？

■ 1. 有效排查——计算机维修注意事项 ■

（1）先调查后动手

这指的是，无论面对什么样的计算机，当它出现故障的时候要先对它进行全面检查，弄清楚故障发生的原因，把出现故障前和出现故障后的情况进行一下比较，熟悉计算机正常运行和非正常运行时的区别。这样才能做到对症下药，有效地解决问题。另外，在平时使用计算机的时候也要注意熟悉计算机的各个部件的使用情况，了解计算机的软硬件配置以及已使用的年限等。争取在出故障的时候能够有目的地进行维修，不要等到计算机出现问题后才着急解决，要做到未雨绸缪。

（2）查看先外后内

有时候我们会遇到计算机的主机或者显示器不亮的情况，这个时候我们要先对机箱以及显示器的外部进行检查，特别是机外的一些开关、旋钮是否正常，外部的引线、插座有没有出现故障等。这些都有可能引起主机或者显示器不工作的现象出现，因此，不要认为这是不重要的检查。如果检查完这些部件后，确定不是由外部原因引起的，再对机箱内部进行检查。

（3）先机械后电气

生活中我们常常也会遇到这样的现象，例如计算机的光驱不能正常使用了，或者与计算机相连接的打印机等设备出现不工作的情况等，这个时候我们先要从这些部件的机械部分去检查，看看是不是机械原因引起的不工作。如果不是机械原因，就再检查是不是由电气故障引起的。例如，当计算机的光驱不能对磁盘进行读写了，我们要先看一下是不是磁盘的问题，或者光头的问题引起的，如果不是这些原因引起的，那就要对它进行电气维修了。

（4）先软件后硬件

对计算机进行维修的时候，一定要注意这一点，因为软件是可以修复的，而一旦维修错误导致了硬件的损伤就必须重新换硬件，否则就不能使计算机再正常工作了。例如我们最熟悉的 Windows 软件，当它的文件被损坏或丢失时，就会造成计算机死机的局面。因为系统的启动是一步一步来的，任何一个环节都不能出错，如果有一步错了，计算机就不能正常启动，并且计算机运行到那一步的时候，就会一动不动地停在那里。因此我们就能根据这种情况来判断计算机的哪个地方出现了问题。

而计算机的硬件就不同了，例如硬件中常见的插件接口接触不良问题、硬件设备的设置问题、驱动程序是否完善的问题等，也会造成计算机死机的局面。但是，它的检修就比较复杂，因为要对这些有可能引起死机的硬件问题一一进行排查。因此要先对软件进行检查，如果是软件的问题就不用再一步步地去检查硬件了。

（5）先清洁后检修

虽然我们在使用计算机的时候，整天把它们放置在那里，有的时候还是在非常恶劣的环境中，看上去它们一点也不怕脏。其实不是这样的，计算机是需要对它经常进行清洁的，特别是在维修之前。

▲ **网吧实景图**

当我们需要对计算机的机箱内部进行检查时，要先对机箱内进行清洁，特别是散热的部位。因为很多时候计算机的故障，都是由于计算机内部积存太多的灰尘所致，所以，打开机箱对各元件、引线、走线以及其他各部件之间的尘土、污物或者其他的脏物进行清除，然后再运行计算机。如果能够正常工作就不用再对其他的部件检修了，如果依然不能正常运行，就再检修其他部件。

（6）先电源后机器

电源是计算机以及各配件的心脏，如果电源不能正常工作，那么就不能保证其他部件能够正常运行，我们也就没有办法对计算机进行维修。如果计算机出现不能正常工作的情况，首先要对电源进行检查，很多时候都是由于电源的原因引起的计算机故障。在排除不是电源引起故障的情况下，再对计算机以及各部件进行检查。这样就能更有效率地进行维修，达到事半功倍的效果。

（7）先整体后局部

当一个人生病的时候，医生会先从整体上观察他的脸色、体态等，这叫作整体查看。在计算机上也一样，当计算机出现故障的时候，要先从整体上思考是由于什么原因引起的，排除常出现的一些症状，再去检查不经常出现的情况，这样就能逐步缩小检查范围，做到由点到面，减少排查的时间。

（8）先外围后中心

有的时候，在检修计算机某些部件的时候，很多人都会急于知道能不能继续使用。其实，很多时候某个部件不工作或许并不是这个部件本身坏了，而是部件周围的线路出现了问题，因此要先对外围部分进行检查，再决定要不要重新更换元器件。这样能够避免因误换元器件带来的不必要麻烦，因为有的元器件不是原装的，可能会和计算机有一定的不兼容性，造成使用周期的缩短等。

另外还要注意，在维修计算机的时候最好不要带电操作，要注意防静电，远离电磁设备，保持环境的清洁，对于拆卸的电脑零件分类摆放以及在维修的过程中要细心。

2. 小心呵护，延长寿命——计算机的保护

生活中，一旦计算机出现了故障，多少都会给我们的生活带来不必要的麻烦。所以，在平时用计算机的时候，我们一定要做好计算机的保护工作。那么，要如何进行保护呢？

（1）保持清洁

计算机是一种很爱干净的机器，因此在使用时一定要注意计算机摆放的环境。如果计算机运行的环境不

良，就应该换到干净的环境中去。如果环境中的灰尘太多就不能长期敞开机箱，并且在不使用的时候要想办法防止灰尘进入到计算机内部去。这样不仅能减少计算机出现故障的概率，而且还能延长计算机使用的寿命。

（2）定期杀毒

我们很早就听说过"黑客"这个词吧？为什么会叫它"黑客"呢？因为它是一种计算机病毒，能够摧毁计算机内部的文件，甚至有的时候还会对计算机造成致命的伤害，因此要对计算机进行定期的杀毒，并且还要注意对杀毒软件的病毒库进行更新。这样在杀毒软件的保护下，病毒就不会经常来找计算机的麻烦。另外，一般在杀毒软件中都有实时监控、防火墙等。它们能够起到对计算机的实时监控，一般发现病毒就会把它们隔离起来。还有一点要注意，在使用一些U盘、光盘的时候要先查杀病毒再使用。

（3）不随意删改

在计算机的操作系统和应用软件中，有许多文件和设置都是不能随便删除和修改的，如果不小心删除或者修改了，很容易导致系统瘫痪或者计算机无法正常工作。在需要清除电脑中的垃圾文件时，最好使用专门的清除垃圾文件的工具，这样既能把不需要的文件删除了，又不会对那些重要的文件造成伤害。

（4）定期重装系统

无论人还是机器，都要进行新陈代谢，如果一个人只吃饭不排泄或者只排泄不吃饭，过不了几天身体肯定是要出问题的。计算机也一样，如果我们只是一味地使用计算机，并且还不断地往它内部输入东西，过不了多长时间它也就不能正常工作了。计算机的新陈代谢就是对它的系统软件进行重新组装，因为，计算机在运行一定的时间后会产生一些垃圾，许多没用的文件会留在系统中，积攒得多了就会阻碍计算机的运行速度，占用存储空间。另外，硬盘在进行多次的读写之后会产生许多无法使用的"碎

片"存储区，导致存取效率急剧下降。因此，一定要定期对计算机的系统重新进行整理，可以使用系统自带的工具，也可以使用专门的清理工具软件，例如我们经常使用的 Windows 优化大师等。目前市面上有很多关于这方面的软件，有一些重装系统软件使用起来非常方便，只需要简单的操作就能完成。

（5）降低计算机的能耗

计算机有的时候需要使用一些配件，如果这些配件的质量有问题，就会很容易对计算机造成危害，从而缩短它的使用寿命。例如，在使用一些光盘的时候，一定要选择正版的、质量好的光盘，这样不会对光驱造成太大的伤害；如果使用一些质量差的光盘，会使光驱不停地读盘，致使光头寿命大大缩短，有时候甚至还会对光驱造成一定的危害。

■ 3.找出故障，有的放矢——计算机维修的基本方法 ■

　　计算机维修的基本方法是观察法、最小系统法、逐步添加或排除法、隔离法、替换法以及比较法等。

　　（1）观察法

　　观察法是指对计算机的整体进行观察，它是一种贯穿计算机整个修理过程的主要方法，观察不仅要仔细、认真，而且还要全面。主要从周围环境、硬件环境、软件环境以及用户操作的习惯、过程等几个方面进行观察。

Micro-computer assembly and maintenance

微型计算机组装与维护

▲ 计算机维修与保护指南

　　（2）最小系统法

　　顾名思义，最小系统是指从维修判断的角度上看，能使电脑开机或运行的最基本的硬件和软件，它主要有硬件最小系统和软件最小系统两种形式。主要是先判断硬件、软件系统能否正常工作，如果不能正常工作就是硬件、软件系统的问题。

　　（3）逐步添加或排除法

　　这是在最小系统上延伸而来的一种维修计算机的方法。逐步添加是每次只向系统添加一个部件或设备、软件，用来检查和确定故障发生的部位。逐步排除法是与添加法相反的一种方法，它们两者的结合，在计算机的维修中起到很大的作用。

（4）隔离法

这是一种将有可能妨碍故障判断的计算机硬件或软件屏蔽起来的一种方法。这样能够在检查计算机的时候，保护硬件和软件不受伤害。

（5）替换法

在不确定计算机的某些部件是否正常的情况下，用好的部件去替换有疑问的部件，从而证实有疑问的部件是否是正常的。这是一种比较安全的维修方法。

（6）比较法

这是与替换法比较相似的一种维修方法，也是用好的部件与有疑问的部件，在外观、配置、运行等方面进行比较。有时候也会用于两台计算机之间的比较，从而判断有故障的计算机在环境设置、硬件配置以及其他方面与正常的计算机有什么不同，以便能够找出故障所在。

市场上有很多专门讲授计算机维修的专业书籍，对于刚接触计算机的人来说是一个很好的助手，因为它不仅能够教我们如何去正常使用计算机、保护计算机，还会给我们一些维修计算机的实际案例。总之，不管用什么样的方法，一定要做到正确使用计算机，只有做到科学合理地使用，才能让计算机为我们更好地服务，才能享受更多计算机带给我们的方便。

社会媒体网络平台——博客

博客，又译为网络日志、部落格或部落阁等，是一种通常由个人管理、不定期张贴新的文章的网站。博客上的文章通常根据张贴时间，以倒序方式由新到旧排列。许多博客专注在特定的课题上提供评论或新闻，其他则被作为比较个人的日记。一个典型的博客结合了文字、图像、其他博客或网站的链接及其他与主题相关的媒体。能够让读者以互动的方式留下意见，是许多博客的重要要素。大部分的博客内容以文字为主，仍有一些博客专注艺术、摄影、视频、音乐、播客等各种主题。

第五章

喜忧参半——
计算机网络与安全

目前，计算机的应用是一个非常普遍的现象，无论哪个行业或者领域，都离不开计算机的应用。其实，计算机之所以有这么大的威力，关键在于网络的发展，当网络兴起之后，计算机的发展速度便日新月异。同时，计算机也促进了网络的发展，人们把网络——这种新型的行业取名为"计算机网络"。目前，它已经成为人们生活中不可或缺的一部分。网络的力量虽然是强大的，但是它也有一定的弊端，它能为计算机带来一定的安全隐患，例如计算机病毒等。那么，计算机的网络与安全到底是怎样与计算机相伴相生的呢？

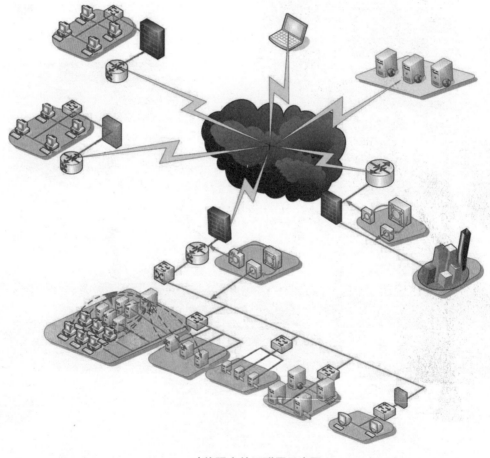

▲　功能强大的互联网示意图

第一节 世纪之光——计算机网络及发展

计算机的发明促进了网络的产生与发展，网络的发展好比一股神奇的力量，使很多不可能的事情变成了现实。那么，究竟什么是计算机网络呢？

计算机网络是指将处在不同地理位置上的、具有独立功能的多台计算机及其外部设备，通过通信线路连接起来，在网络操作系统、网络管理软件以及网络通信协议的管理和协调下，实现资源共享和信息传递的计算机系统。它主要的功能是硬件资源共享、软件资源共享和用户间信息交换等。

硬件资源共享指的是计算机网络能够在全网范围内，提供对资源的处理、资源的存储以及资源的输入输出等设备的共享，从而使各用户之间能够节省投资，同时也便于集中管理和均衡分担网络负荷等。

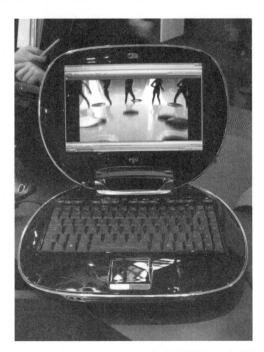

软件资源共享是指通过计算机网络，允许互联网上的用户进行远程访问，从而得到网络文件的传送服务、远地进程管理服务以及远程文件的访问服务等。避免了软件研制上的重复劳动以及数据资源的重复存储等工作，同时也方便数据库的集中管理。

用户间信息交换是指计算机网络

为分布在各地的用户提供了强有力的通信手段，只要是使用网络的用户，就可以通过计算机网络传送电子邮件、发布新闻消息以及进行电子商务活动等。

从互联网示意图中，我们看到它像一个大动脉，主干上面有很多小的分支。这就是说，计算机网络能够把许多毫不相干的计算机联系到一起。它在组成上主要包括计算机、网络操作系统、传输介质以及相应的应用软件等四个部分。此外，根据网络分布的大小，我们能够将计算机网络分为局域网、城域网、广域网、互联网和无线网。

知 识 链 接

互联网的"网"

互联网（Internet，又译为因特网、网际网）是指广域网、局域网及单机按照一定的通信协议组成的国际计算机网络，它是把两台计算机或者两台以上的计算机终端、客户端、服务端通过计算机信息技术的手段互相联系起来的结果。通过它，人们可以与远在千里之外的朋友相互发送邮件、共同完成一项工作、共同聊天、共同娱乐。

它实际上是计算机与计算机之间通过特定的线路所串联成的庞大网络，像蜘蛛网一样，所以被称为"网"。

1. 有限范围——局域网

局域网的英文名字是"Local Area Network"，简称为LAN，是指在某一区域内，由多台计算机互连而成的计算机组。这一区域可以是同一间办公室、同一座建筑物、同一个公司或者同一所学校等，一般是几千米以内的区域。

利用局域网能够实现文件的管理、应用软件的共享、打印机的共享、工作组内的日程安排、电子邮件和传真通信服务等功能。它是一种封闭型的网络，一般由办公室内的两台以上的计算机组成，也可以由一个公司或者一个学校机构内的上千台计算机组成。它是目前使用最广泛、最多的一种网络结构，大到公司小到家庭都要用到它。它的覆盖面积比较小，并且链接范围比较窄、用户数量少，但是它配置容易，连接速率也比较高。

那么，局域网是怎样来实现各个计算机之间的互联呢？都有哪些连接方式呢？局域网的连接方式叫作拓扑结构，目前常见的拓扑结构有星型结构、环型结构、总线型结构以及混合型结构4种。

（1）星型结构

星型结构是根据局域网呈星状分布的特点来形象地命名的，它是目前最流行的一种网络方式，也是局域网中应用得最普遍的一种，大部分的企业网络中

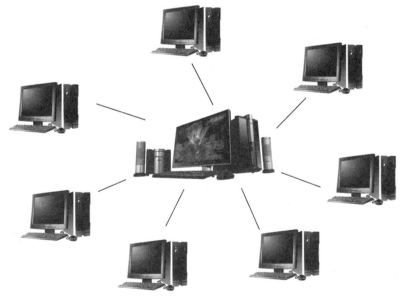

▲ 星型结构示意图

几乎都是采用这一方式。在星型网络中，使用最多的传输介质是双绞线，常见的有五类双绞线和超五类双绞线等。另外，星型结构之所以能够被广泛地应用和它所具有的特点是分不开的。它的主要特点有以下几点。

①容易实现。这是指星型结构分布的局域网，一般所采用的传输介质都是通用的双绞线，这种传输介质的价格相对来说比较便宜，并且它主要被应用于标准的以太局域网中，几乎是它的专用网络，而以太网又是我们常用的网络。

②节点扩展，移动方便。由于星型结构在节点扩展时，只需要从集线器或交换机等设备中拉一条线就能使用，需要移动某一个节点的时候，只要把相应节点设备移到新的节点上就行了，它不像环型结构的网络那样，移动其中的一个线就会影响到全局的网络。

③维护容易。星型结构的最大特点就是比较容易维护，因为它的各个节点都是独立的。当一个节点出现故障的时候，不会影响到其他节点的链接，能够单独对故障点进行维修，也可以任意拆走故障节点等。所以说，与其他结构相比，它是最容易维修的一种网络形式。

④广播信息的传送方式。星型结构分布的一个最大的优点是它采用的是广播信息的传送方式。这样，无论从哪一个节点上发送的信息，只要在网内的节点都可以收到。

⑤网络传输数据快。由于星型结构的各个节点是相互独立的，所以它的每一条数据的传输数据也是互不影响的。这注定了它的网络传输数据比其他的网络要快一些。

（2）环型结构

环型结构是根据网络的分布形式呈现出环形而命名的。这种网络结构之间的各个设备是直接通过电缆串接起来的，最后形成一个封闭的圆环状结构。当信息发出的时候，就在这个环中传递。由于这种结构主要被应用于令牌网络中，因此，常常又把这类网络称为"令牌环网"。有的人或许会误解，所谓的环型结构是不是将计算机排列成一个环状呢？其实不是这样的，所谓的环是指计算机的网络分布是环型的。一般情况下，在环的两端是通过一个阻抗匹配器来实现环封闭的。不过，在实际的应用中，要想真正地做到环型也不是那么方便的，这是因为它要受地理位置的限制。那么，环型结构都有哪些特点呢？

首先，环型结构在一般的情况下只适合 IEEE802.5 的令牌网。所谓"令牌"指的是在环型链接中的依次传递，它所使用的传输介质是同轴电缆。

其次，环型结构网络的实现比较简单，投资小。我们从环型结构网络示意图中可以看出，该网络是由各工作站、传输介质（同轴电缆）以及一些链接器材所组成的。它的组成部分比较简单，不过，也正因为如此，它所能实现的功能也比其他的网络简单许多，所以只能当作一般的文件服务模式来使用。

再次，环型结构网络的传输速度比较快。一般在令牌网中允许有 16 兆位 / 秒的传输速度，这是比普通的 10 兆位 / 秒的以太网要快很多的传送速率。

最后，环型结构网络的维护困难，扩展性较差。从环型网络的结构中我们可以看到，它整个网络中的各个节点之间都是直接串联起来的。这样，如果其中的某一个节点出了故障，会造成整个网络的中断、瘫痪等，并且在维

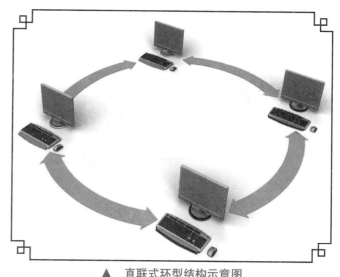

▲ 直联式环型结构示意图

护的时候也不方便，必须要把整个网络都停掉才能进行维修。另外，因为它的传输介质是同轴电缆，所采用的又是插针式的接触方式，因此很容易造成插口的接触不良，或者网络中断等。一旦网络中出现故障，在查找的时候也很困难，这是环型结构网络的最大缺陷。

此外，环型结构网络的扩展性也比较差。与星型结构相比，如添加或移动新的节点时，必须中断整个网络，否则的话会对整个网络产生很大影响。

（3）总线型结构

总线型结构中的所有设备都是直接与总线相连的，它所使用的介质也是同轴电缆。不过，随着网络的发展，现在也有使用光缆来代替同轴电缆作为总线型传输介质的。与其他类型的局域网相比，总线型结构也具有自己的特点。

①组网费用低。这样的结构不需要像星型与环型结构那样，再增加另外的互联网设备，它直接通过一条总线就能把各个机器连接起来，这样就能节省很多的组网费用，比较经济实惠。

②总线带宽的应用。这是指总线型结构网络的各个节点是采用总线带宽来实现的，因此，在传输速度上会随着接入网络用户的增多而下降。

③网络用户扩展灵活。由于在总线型网络中，需要扩展用户时只需要添加一个接线器就可以了，所以它的用户扩展比较方便、灵活。不过，由于总线的承受能力有限，因此它所能连接的用户数量也是有限的。

▲ 总线型网络结构示意图

④维护较容易。这是和总线直接相关的一个优点。由于各个节点之间都由一条总线相连接，所以当单个节点出现故障时，不会影响到整个网络的正常运转。不过，如果总线断开，整个网络或者相应主干网段就要全部断掉。

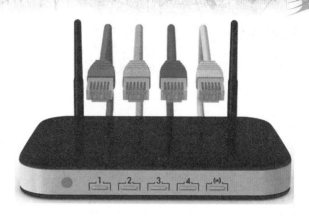

虽然总线型结网有很多优点，但缺点也是存在的。它一次只能允许一个端用户发送数据，其他端用户必须等待到获得发送权的时候才能发送数据。

（4）混合型拓扑结构

混合型拓扑结构是星型结构、总线型结构的网络混合在一起的特殊型网络结构。它吸收了其他网络结构的优点，更能满足较大网络的拓展，并且能够弥补星型网络在传输距离上的局限，又能解决总线型网络在连接用户数量上受限制的问题。因此，它是一种同时兼顾了星型网与总线型网络的优点，并且能弥补缺点的网络结构。目前，在局域网中，这种网络结构是比较受欢迎和应用最多的一种。

以上是关于局域网的一些知识，除了要了解它的基本含义、组成以及特征以外，我们还要了解在使用局域网的时候要注意哪些事项。首先，要注意正确使用"桥"式设备。什么是"桥"式设备呢？它一般指用于同一网段的网络设备，与常说的路由器不同的是，路由器是用于不同区段的网络设备，因此在使用的时候一定要正确区分"路由"设备和"桥式"设备。其次，要注意按规则进行连线。由于局域网中的网络都是靠线相连的，因此连接局域网中的每台计算机都要特别注意，不是用线简单地把两台计算机相互连接起来就行了，而是要按

照一定的连线规则来进行连接。再次，要注意严格执行接地要求。由于在局域网中，传输的都是一些弱信号，如果操作稍有不当或者没有按照网络设备的具体操作要求来做的话，可能在联网的过程中出现信号干扰的现象，严重的时候还可能导致整个网络的瘫痪。最后，要注意使用质量好、速度快的新式网卡。

　　在局域网中，如果网卡是安装在服务器中，一定要使用质量好的网卡。这是由于服务器的运行一般都是不间断的，因此只有质量好的网卡才能长时间地进行"工作"，否则的话会对服务器造成不必要的伤害。另外由于服务器传输数据的容量比较大，因此使用的网卡容量一定要与之相匹配，这样才能顺利实现网络畅通。

　　另外，还要注意合理设置交换机。交换机在局域网中是一个重要的数据交换设备，如果没有它的存在就不能实现网络间的正常交换，因此要正确合理地使用交换机，这样不仅能够改善网络中的数据传输性能，而且还能保证各个部件之间能正常工作。在设置网络设备参数时，一定要参考服务器或者其他工作站上的网络设备参数，尽量使各个设备匹配工作。

2.全球范围——广域网

　　与局域网相对应的就是广域网，也被称为远程网。它一般能连接很大的物理范围，从几十千米到几千千米，可以把许多不同的城市或国家之间的网络连接起来，甚至还能横跨几个洲并能为此提供远距离通信。因此，它被认为是一种国际性的远程网络。

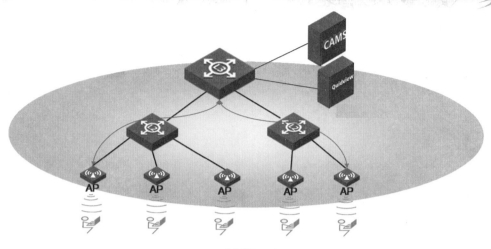

▲ 广域网示意图

广域网的通信子网主要使用分组交换技术，可以利用公用分组交换网、卫星通信网和无线分组交换网，将分布在不同地区的局域网络或者计算机系统互连起来，达到资源共享的目的。

与局域网相比，广域网所具有的特点是能够适应大容量与突发性通信的要求；能够适应综合业务服务的要求；具有开放的设备接口与规范化的协议；具有完善的通信服务与网络管理；但是它的数据传输速率要比局域网低，信号传播的延迟性也比局域网要大得多。

我们知道，局域网的连接方式有星型、环型、总线型以及混合型。那么，广域网的连接方式都有哪些呢？一般情况下，广域网是通过以下几种方式来进行连接的。

（1）点对点

点对点的连接是指在两个局域网之间，不能采用光纤或双绞线等有线连接方式进行连接时，在广域网中所采用的是一种无线连接方式。这种连接方式比较简单，只需在每个网段中都安装一个无线访问接入点（AP），就能够实现网段之间点到点的连接。另外也可以实现有线主干的扩展。在点对点连接方式中，一个 AP 设置为用户（Master），一个 AP 设置为接受者（Slave）。在点对点连接方式中，无线天线最好全部采用定向天线。

（2）一点对多点的连接

一点对多点的连接是指当 3 个或 3 个以上的局域网之间，不能采用光纤或双绞线等有线方式进行连接时，所采用的是一种无线连接方式。它所采用的原理和点对点之间的原理一样。

（3）无线连接

无线连接又称无线接力方案，是指当两个局域网络之间的距离，超过了无线网络产品所允许的最大传输距离时，或者两个距离并不遥远的网络之间有较高的阻挡物时，所采用的一种无线连接方式。它主要在两个网络之间或在阻挡物上架设一个户外无线 AP，从而实现传输信号的接力。

（4）无线漫游连接

无线漫游连接方式是在扩大总的无线覆盖区域的基础上建立起来的，它可以建立包含多个基站设备的无线网络。这些基站设备可以是网络范围内的任何位置之间漫游的移动式无线客户机工作站设备，并且能为这些无线客户机提供服务。

▲ 无线网卡网上冲浪

这样的多基站配置中的漫游无线工作站，有属于它自己的特点。它能在需要的时候自动在基站设备之间进行切换，从而保持与网络的无线连接。另外，只要是在无线网络范围内的基站设备，就能够实现基础架构之间进行通信。

▲　无线漫游

无线漫游连接所具有的这些功能，为人们的工作提供了很大的方便。例如在一些大型企业中，有一些工作人员的工作可能需要在各个地方来回地奔走。在这个时候，我们只需要在网络中设置多个 AP，使装备有无线网卡的移动终端实现漫游的功能，这样就极大地方便了工作人员的工作，能够随时去访问他们想要访问的资源。现在，人们所使用的手机就是根据这样的原理工作的。

虽然在移动设备和网络资源之间传输数据的路径是变化的，但人们感觉不到，这也是它被称为无线漫游的原因。无线漫游之所以能够在移动的同时保持连接，是因为 AP 除具有网桥功能外，还具有传递功能。这种传递功能可以将移动的工作站从一个 AP "传递" 给下一个 AP，以保证在移动工作站和有线主干之间总能保持稳定的连接，从而实现漫游功能。但是有一点需要注意，实现漫游所使用的 AP，是通过有线网络连接起来的。

以上是我们介绍的关于计算机网络的组成以及各组成之间的特点和应用。那么，计算机网络开始的时候与现在有什么不一样呢？它都经历了怎样的发展历程呢？

▲ 无线上网

"网络"是目前大家都比较熟悉的一个名词，但是在 20 世纪 60 年代，它对于人们来说还是比较陌生的。直到 60 年代末期的时候，美国的 ARPA 网（由美国国防部高级研究计划署研制的一种崭新的、能够适应现代战争的、生存性很强的网络）投入运行，它的出现标志着计算机网络的兴起。刚开始的时候，计算机网络系统是一种分组交换网，它的分组交换技术使计算机网络的概念、结构和网络设计等方面，发生了根本性的变化，也为后来的计算机网络打下了基础。

20 世纪 80 年代初，随着个人微型计算机慢慢地走进人们的生活，计算机网络的需求也随之增大。各种基于计算机网络的局域网开始走上舞台，这个时期局域网系统的典型结构是一种在共享介质通信网平台上的共享文件服务器结构，也就是为所有联网的微型计算机设置的一台专用的、可共享的网络文件服务器。

我们知道，微型计算机虽然外形比较小，但是却具有很多先进的功能。每台微型计算机的用户在需要访问共享磁盘文件时，可以通过网络来访问文件服务器，这也体现了计算机网络中的各计算机之间的协同工作。并且，这个时候的计算机在网上访问共享资源的速度和效率是非常快的。微型计算机由此也变成了一种面向用户的，专门用于提供共享资源的客户机或者服务器模式。

计算机网络发展到 20 世纪 90 年代的时候，计算机技术、通信技术以及建立在计算机和网络技术基础上的计算机网络技术都得到了快速的发展。尤其是在 1993 年美国宣布建立国家信息基础设施（NII）后，世界上的许多国家都纷纷制定和建立本国的"国家信息基础设施"。这一举动，极大地推动了计算机网络技术的发展，使计算机网络进入了一个崭新的阶段。

目前，在世界上，以美国为核心的高速计算机互联网络，也就是 Internet（因特网）已经形成，Internet 的发展为计算机网络打开了另一个崭新的天地，Internet 成为人类最重要的、最大的网络信息宝库。在这个宝库中，能够找到想要的任何信息，给人们的生活带来了极大的方便。后来，美国政府分别于 1996 年和 1997 年，开始研究发展更加快速可靠的 Internet2（互联网 2）以及下一代互联网（Next Generation Internet）。我们亲身感受到了互联网的发展给我们带来的利益。网络互联和高速计算机网络的发展，正在成为最新一代的计算机网络的发展方向。我们相信，以目前的发展速度，今后的计算机网络将会更加地不可思议。

知 识 链 接

计算机长寿秘诀

1. 不要把光碟总是放在光驱里。

2. 不要关了机又马上重新启动。

关了机又马上重新启动对计算机危害很大。短时间频繁脉冲的电压冲击，可能会损害计算机上的集成电路，另外，这样的冲击使硬盘受到的伤害最大，长此下去，一定会减少计算机硬盘的使用寿命。

第二节 未雨绸缪——计算机网络安全

计算机网络是快速的、便捷的，它总能带给我们意外的惊喜，但是，计算机网络同时也是不安全的、脆弱的、容易受到伤害的。近些年来，随着互联网的不断发展，能够危害计算机的一些技术也在不断地发展。计算机网络就像一种植物一样，在带给人们芳香与果实的同时也在遭受着"病虫"的危害。那么，能够危害计算机网络的"病虫"有哪些呢？

首先我们要知道，计算机网络安全不仅包括计算机组网的硬件、管理控制网络的软件，也包括计算机共享的资源、快捷的网络服务，因此，计算机网络的安全是指这几个部分是不是能正常运行，会不会受到外界的伤害以及应该如何去保护这几个方面的安全等。

标准的计算机网络安全的定义是指保护计算机网络系统中的硬件、软件以及数据资源，不会因为偶然或恶意的原因而遭到破坏、更改、泄露等，保证网络系统能够连续、可靠地正常运行，以及网络服务正常有序。

通常我们所说的能够危害计算机网络的"病虫"是指计算机病毒。什么是计算机病毒呢？其实，计算机病毒也是一种程序，只是它的性质是恶性的，能够给计算机带来一定的危害。它与生物病毒很相似，具有复制和传播能力。它不是独立存在的，而是寄生在其他可以执行的程序中，并且具有很强的隐蔽性和破坏性。一旦计算机的工作环境感染上这种病毒，就会影响计算机的正常工作，甚至会导致整个系统瘫痪。从广义上来看，计算机病毒又是指能够通过自身复制传染而引起计算机故障、破坏计算机数据的一种程序。在《中华人民共和国计算机信息系统安全保护条例》中，计算机病毒又被定义为："编制或者在计

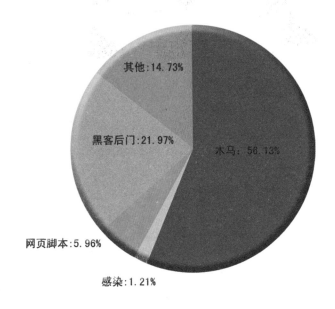

其他:14.73%

黑客后门:21.97%

木马:56.13%

网页脚本:5.96%

感染:1.21%

▲ 计算机感染病毒调查示意图

▲ 计算机病毒图片

算机程序中插入的破坏计算机功能或者数据的，能够影响计算机使用，并且会自我复制的一组计算机指令或者程序代码。"

最早的计算机病毒实际上不是出现在电脑中的，而是出现在 20 世纪 70 年代的科幻小说中。当时只是一种设想，但是没想到的是，在后来的计算机网络发展中，它真的就出现了，并且还具有一定的繁殖能力。那么，它到底是怎样产生的呢？开始的时候，人们认为它是由于突然的断电所导致的，后来证明这种说法是不准确的，因为突然的断电所产生的代码是混乱的，而计算机病毒的代码是比较完整的。因此，专家认为，它是由人故意编写的，因为大部分的病毒能够找到作者和产地信息。另外从大量的统计分析上来看，那些病毒的制造者制造计算机病毒的主要目的是为了表现自己和证明自己的能力；或者出于对上司的不满，为了好奇，为了报复；还有的是为了得到控制口令，或者为了预防制作出软件后拿不到报酬而预留的陷阱；有的甚至是为了祝贺或求爱等。人们称那些病毒的制造者为"电脑黑客"。由于计算机病毒往往会利用计算机操作系统的弱点来进行传播，因此很多计算机都比较容易感染上病毒。据调查，很多计算机都会受到木马程序的危害。

■ 1.隐患——计算机病毒的特点

计算机病毒的主要特征是隐蔽性、潜伏性、传染性、欺骗性以及危害性等。

（1）隐蔽性

计算机病毒的隐蔽性是指计算机病毒不容易被人们所发现，一般在计算机中毒以后才知道计算机被病毒危害了。有的计算机病毒能够事先被杀毒软件检查出来，而有的病毒连杀毒软件都发现不了。还有的病毒是那种时隐时现的，很难被清除掉。更有意思的是，有的病毒要等到某个具体的日期才会发作，就像人患上了某种奇怪的疾病一样。因此，一台计算机或者一张软盘被感染上病毒一般是不容易被发现的，因为，病毒程序一般是一种没有文件名的程序。

（2）潜伏性

当计算机被感染上病毒以后是不会立刻就发作的，而是要经过一段时间后才会表现出来。当它存在的环境满足了它所要发作的条件时，就会显示它的破坏性。它就像一颗定时炸弹一样，说不定在某个时刻就爆发了。比如

"黑色星期五"就是这样一种病毒，当它不发作的时候一点也不会产生什么危害，一旦发作就会出现在屏幕上，显示信息、图形或特殊标志，或者执行破坏系统的操作。例如格式化磁盘、删除磁盘文件、对数据文件加密、封锁键盘以及使系统死机等。

（3）传染性

计算机病毒就像流行性感冒一样，也具有一定的传染性。它能通过自身的复制来发挥它的传染作用，一般会把病毒传染给其他的程序或者被放入指定的位置。一旦其他的正常文件被传染后就不能正常工作，就像人生病了一样，处于一种瘫痪状态。

（4）欺骗性

病毒也会欺骗吗？看上去是一个不可思议的问题，其实是一个很普遍的问题。因为，每一个计算机病毒都有特洛伊木马的特点，能够用欺骗的手法寄生在其他正常的文件上，一旦该文件被当成正常文件运行的时候，就会引发计算机中毒的事情发生。

（5）危害性

病毒具有危害性是每个人都知道的，计算机病毒的危害性不仅体现在能够破坏计算机的软硬件系统上，而且还能删除或者修改数据、占用系统资源、干扰机器的正常运行等。另外，计算机病毒还能诱发正常的文件变成有毒的文件，一旦这些文件发生病变就会成为真正的病毒，从而危害更多的文件。

另外，计算机病毒按照产生的危害后果，可以分为"良性"和"恶性"两种。良性的病毒程序只做一些恶作剧，不会对系统造成太大的伤害；而恶性的病毒就不一样了，它能够破坏计算机的软硬件系统以及重要的数据和文件。因此，在采取相应措施的时候要分清楚计算机病毒的类型。

■ 2. 齐全——计算机病毒的类型 ■

计算机病毒都有哪些类型呢？按照传染对象来划分，计算机病毒可以分为以下几种类型。

（1）操作系统型病毒

这类病毒程序是作为操作系统的一个模块在系统中运行的，它的运行是和计算机同步的，当启动计算机的时候病毒也就会被一起启动。它属于一种驻留性病毒，是和计算机系统相伴相生的，因此要想把这类病毒清除掉，就要对计算机的系统进行重新装置。

（2）文件型病毒

文件型病毒又被称为外壳型病毒，它的攻击对象主要是文件，并且它能寄生在文件上，当文件在运行的时候，首先运行的就是寄生在它身上的病毒程序，

然后才能运行用户指定的文件。这种病毒虽然包围在寄主程序的周围，但是不会对寄主程序进行修改。不过，当运行该寄主文件时，病毒程序就会进入到内存中去。

（3）网络型病毒

当我们在使用办公软件时，有时候会意外地丢失数据，或者数据被破坏，这是由于感染了网络病毒的缘故。网络病毒的攻击对象不只局限于单一的模板或者单一的可执行文件，而是更加综合和隐蔽，因此它几乎可以对所有的办公软件进行攻击，给人们的工作带来一定的危害。

（4）复合型病毒

这是一种综合了其他一些病毒的特点而产生的一种全新的病毒类型，它既能感染文件也能感染引导区，因此它是一种具有很大破坏力的计算机病毒。

3. 重视——计算机病毒的预防和处理

面对这么多的计算机病毒，它们既有不同的类型也有不同的特点，并且功能也是强大的。那么，有没有一种能够预防它们的办法呢？关于计算机病毒的预防和处理，可以通过以下几种方法来实现。

（1）保护好计算机硬件

在计算机的输入及输出设置汇总中，一般都要带有病毒防护功能，这样就能起到一个监视计算机硬盘的作用，一旦发现计算机内存在有病毒，系统就会自动报警，在屏幕上显示一条消息，在得到用户确认后才允许该动作继续执行。有了这样的一个装置，就能时刻保护计算机硬盘不受损害。

另外，在使用计算机的时候，不要随便将一台计算机中的程序性文件复制到另一台计算机中，因为，程序复制是传播计算机病毒最好的途径。如果必须要进行程序复制，用户也应该特别小心。一般公用的计算机是最危险的，最好不要随便把公用计算机中的程序复制到自己的计算机中。如果必须要进行复制，最好先对软盘进行病毒查杀，再把复制的东西拷贝到自己的计算机中。

（2）安全使用软盘或优盘

目前，软盘与优盘是人们使用最多的一种信息转换工具。例如我们想要把其他地方的资料拷贝到自己的计算机中去，必须要使用软盘或者优盘（U盘），因此，它们在电脑与电脑之间充当的是一个转换媒介，但是，它们却是病毒攻击的主要对象之一。对于软盘来说，许多病毒在活动的时候，一旦监测到有软盘插入了驱动器，就会立即"活跃"起来，就像一个饥饿的人看见了一块蛋糕一样，它会用尽各种办法把自己复制到软盘上

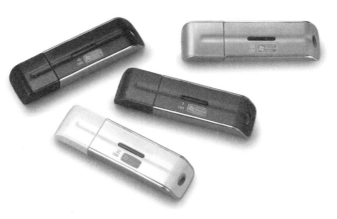

▲　文件存储器——U盘

去。因此，为了能够减少或避免这种危险情况的出现，在使用软盘的时候，就要很好地利用它的防写入功能。一般情况下，当软盘处于"防写入"状态下的时候，活动在电脑中的病毒是不容易进入到它的体内的。

对于优盘来说，在使用之前要先对它进行病毒的查杀，这样就能大大降低它被感染病毒的可能。由于优盘具有比较大的内存、小巧的身躯、便于携带等优点，一直很受人们的欢迎。如果没有合理地利用，感染上了病毒就会使整个优盘处于瘫痪状态，严重的能够导致优盘彻底不能使用，所以，在使用优盘的时候一定要细心。

（3）不随便下载网络软件

有一些病毒能够把自己变成某种网络软件来欺骗用户，在用户不知道的情况下往往会对这样的软件进行下载，因此也就会感染上病毒。这种情况的出现和目前互联网以及各种网站上存储的共享软件、自由软件有直接的关系，用户在下载这些软件之前要先经过网络把关程序，然后再下载到自己的电脑中。随意下载软

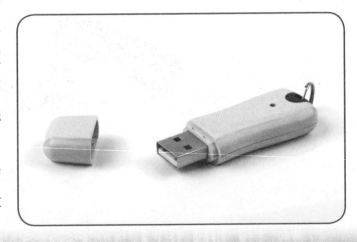

件是计算机感染病毒的一个重要原因，因此一定要引起注意。

（4）养成存储备份的好习惯

做好的资料及时备份是避免计算机中毒时丢失数据的最好方法。一般情况下，当计算机感染上病毒而出现故障的时候，用户最希望的就是自己存储的东西不会丢失，因为病毒具有破坏文件的特性，并且也没有什么规律。防止文件丢失的最好办法是把比较重要的文件拷贝一份存储在其他地方，例如软盘、移动硬盘或者优盘等，也可以是邮箱、QQ硬盘等。将重要的数据或者资料存储在非系统盘上，就能防止系统崩溃时数据的丢失。

（5）使用杀毒软件

使用杀毒软件进行计算机病毒的防治，是一种最好的预防计算机中毒的方法。目前有很多种类的杀毒软件，比如"金山毒霸""瑞星""江民""360安全卫士""卡巴斯基"，等等。其中使用最多的是瑞星杀毒软件、360安全卫士以及卡巴斯基杀毒软件等。瑞星主要擅长专杀，也就是说，它对一些比较流行的计算机病毒具有超强的清除功能。目前有很多免费的瑞星杀毒软件，只需要进入专杀工具界面就能下载瑞星杀毒软件了。下载安装成功后就能正常使用，并且一旦计算机内感染上了病毒，它就会向用户发出提示，这样能做到预先发现，及时把病毒清除掉。另外360安全卫士与卡巴斯基杀毒软件也是经常使用的一些杀毒软件，它们也具有很好的杀毒效果。

知 识 链 接

计算机病毒与微生物病毒

计算机病毒是通过一些程序指令破坏计算机功能或者破坏数据，从而影响计算机的使用。有的能够自我复制或盗窃某种程序和内部信息数据，因而被形象地比喻成"病毒"。它和导致人们生病的微生物病毒是截然不同的东西。微生物病毒是物质实体，是由核酸和蛋白质构成的。

第六章

知识拓展——
计算机知识小百科

　　计算机的世界是一个奇妙无比的世界，从它的出现到它的兴盛，是一个认识与发展、普及的过程。曾经在它刚问世的时候，美国的科学家说"全世界只需要50台计算机就足够了"，而今天计算机的数量已经远远超过了其预言。现在人们的生活中，处处都有它的身影，每一个领域都要使用到它。关于计算机的一些基本知识我们在前面已经介绍过了，然而，还有一些它与其他行业的趣味小故事是我们所不知道的。

第一节　自主学习——计算机人文小百科

计算机已经涉及人类生活的每一个角落，即使在最默默无闻的人文世界里，也流传着很多关于计算机的故事，比如有人说计算机是很大的书库，有人说计算机内有一座知识的天堂，还有的人说计算机内有教书育人的宝典。它究竟如何呢？让我们一起去看看吧！

1. 神奇的网络图书馆——计算机网络与图书馆的故事

计算机和互联网相结合以后，就变成了和"齐天大圣"一样神奇的"人物"

▲　中国国家图书馆

了，只要我们打开计算机就能搜索到我们想要的信息，当然也包括图书馆在内。目前，很多大型的图书馆都有属于自己的网站，通过计算机网络我们能够进入到这些图书馆中。它和实体的图书馆虽然有一定的区别，但是在这个电子图书馆中也陈列着各种各样的书籍供我们阅读。不过需要注意的是，在阅读电子图书之前，一定要先下载一个电子图书浏览器，否则的话是不能进行网上阅读的，电子图书只有和固定的浏览器结合到一起，才能发挥它神奇的功能。

　　目前在计算机网络上，最著名的图书馆有中国国家图书馆、北京图书馆、上海图书馆、南京图书馆、科学图书馆（北京）、北京大学图书馆、重庆图书馆、中山图书馆（广州），等等。这些图书馆都有属于自己的网站，我们如果想要去这些图书馆里阅览，不用跑到固定的地点去，只要有一台计算机就行了，通过计算机网络就能实现阅读梦想。这就是计算机带给我们的最大好处，它为喜欢阅读的人提供了一个知识共享的平台。

2. 有趣的学习工具——计算机网络与学习

虽然现在是计算机与互联网发展比较迅速的时代，在计算机网络中，人们能够看到世界的每一个角落，了解世界上不同地方所发生的重大事件，但是对于一些家长来说，计算机网络并没有我们说得那么好。为什么呢？因为，很多孩子使用计算机而影响了学习，计算机也因此在一些家长的眼中成了不好的工具。其实，计算机最先出现的目的就是为了帮助人们学习的，现在虽然有的人并不是出于这一目的来使用计算机，但是总的来说使用计算机的利大于弊。

通过计算机网络我们能够了解很多外界的信息，并且网络上也有很多关于学习的网站，我们能够借助这个平台来丰富自己的阅历，增长见识和课外知识。

▲ 多媒体教室

如果利用得好，它将会对我们的学习有很大的帮助。但是，如果只求一味地贪玩，不但不能对学习产生有益的作用，还会影响学习。因此，要正确看待计算机网络，并且要合理地利用它来为自己的学习服务。

■ 3.自动化形象教学——计算机与教学

21世纪是一个信息技术占主导地位的世纪，计算机的普及与应用给社会的各个领域都带来了一次空前的发展，当然也包括教育教学改革。目前，在很多学校的教学中，都采用了多媒体教学的方式，无论大学还是中小学，利用多媒体能够借助于形象、具体的"图、文、声、像"来创造教学环境，使一些比较抽象化的内容，变得更具体化、清晰化，从而也能使学生的思维更加活跃，又提高了他们学习的主动性，促使他们积极思考。这样，利用计算机能够为教学带来新的亮点，打破传统教学的枯燥局面，充分调动教学资源，从而更好地培养学生的学习能力和自主创新能力。

另外，借助多媒体讲解新课，能够激发学生学习新知的兴趣，培养学生自主探索的能力；借助多媒体拓展教学，能够开阔学生社会生活的视野，丰富他们的思想，从而能够培养他们的发散思维。总之，恰当地、适时地运用多媒体，能够起到"动一子而全盘皆活"的作用，也就是说，把一个人的积极性调动起来之后就能调动整个课堂的气氛，就能提高课堂教学效率与质量，促进

▲ 组合式计算机

学生自主探索能力的提高，有效地培养更多的创造性人才。特别是对于正在成长的青少年来说，这样的环境是他们更为需要的。

知识链接

电脑使用小技巧

1. 不要用手触摸显示器

计算机在使用过程中会在元器件表面积聚大量的静电电荷，在使用显示器后用手去触摸显示器，显示器会发生剧烈的静电放电现象，可能会损害显示器，特别是脆弱的LCD。

2. 不要把光碟或者其他东西放在显示器上

显示器在正常运转的时候会变热，于是它吸入冷空气，然后通过内部电路，将热从顶端排出。如果把光碟或纸张放在显示器上边，会让热气在显示器内部累积，出现色彩失真、影像问题，甚至使显示器坏掉。

3. 不要让计算机处于运动中

开车带计算机去越野兜风，或是背着它去爬山、蹦迪，使计算机损害很大，甚至很快报废，尤其是硬盘。

4. 不要与空调、电视机等家用电器使用相同的电源插座

带有电机的家电运行时会产生尖峰、浪涌等常见的电力污染现象，会破坏计算机的电力系统，使计算机系统无法运作或损坏。同时它们在启动时会和计算机争夺电源，电量的小幅减少可能会突然令计算机的系统重启或关机。

第二节　神奇小匠——计算机建筑小百科

你听说过用计算机来建造房子、装饰房屋吗？如果你还没有听说过，那么就和我们一起去看一下，计算机到底是怎样来建造房屋的吧！

1. 快捷的装饰设计——计算机与家庭装饰

计算机不仅能用到办公、教学以及科研中，而且在普通的家庭装饰中也能起到先导的作用。计算机的出现，促进了家居装饰的发展，也为它带来了美好的前景。

▲ MD 安德森癌症中心——电脑制作效果图

由于计算机速度快的缘故，因此用计算机来设计家庭装饰的效果图，既快捷又方便，还能很直观地看出效果。设计者可以很方便地给消费者展示自己设计的图纸，同时还能通过计算机把这其中的利与弊讲解给他们听，让他们更能了解哪种装饰更适合自己的家庭。这样，通过计算机这个平台，使设计者和消费者之间能有一个很好的沟通过程，既节约了设计者的时间也达到了消费者的满意。

另外，计算机还能以它生动鲜明的感知形象以及快捷、迅速的运算功能，为消费者做出装修的规划、选料以及预算等。它的这些优点为那些平时比较忙的消费者提供了一个很便捷的途径，不仅能够达到合理消费的目的，而且还能节约更多的时间。因此，这也是计算机装饰受欢迎的一个主要原因。计算机设计的优势还表明，它发挥了家庭装饰的先导作用，促使了家庭装饰产业的健康发展。计算机的发展给家庭装饰带来了新的希望与前景。

2. 楼房的好管家——时尚的"计算机"建筑

很多时候我们或许不会把计算机和建筑联系到一起，因为无论从哪方面来说，它们之间的关系好像都不大，更何况是时尚的计算机建筑。

在日本，建筑专家与电脑专家将计算机大量用于住宅，以代替各种服务人员。也正因为这样，人们把这一行为称为时尚电脑建筑。

据说，在东京的市中心，有一座住宅是由东京大学的研究人员设计的，这栋住宅并不是普通的住宅，而是一栋占地约 370 平方米的"电脑"住宅。在室内装有 100 多台电脑，它们各司其职，并且能够对环境作出综合判断，这样就能保护它们主人的安全与方便舒适的生活。

在这座"电脑"住宅中，一年四季气候都非常好，因为它通过传

▲ 电脑制作的城市夜景效果图

▲ 电脑软件绘制的建筑物效果图

感器的反应提供计算机各种气候指标数据，以便计算机能够控制空气的温度和湿度。在这个住宅内，除了一楼的会客厅有几张沙发外，其他的用品已经分门别类地储存在地下室仓库的一定地点，需要的时候可以通过计算机把任何一个物件调出。也就是说，在这座房子内，所有的东西都是通过电脑来控制的。在主人所睡的床头，有这座住宅的总控制中心，当按下"休息"开关后，整栋房子就进入了休息状态，并且四周的防盗装置开始工作。大门是加了密码锁的，并且要有一定的指令才能打开。另外，还设有检查身体的装置，等等。

是不是感觉这种房子很神奇啊？你一定很想知道世界上是不是真的有这样的房子存在。其实这只是研究者的一个设想，如果要真的投入运行的话，估计还要经过很多道程序的研究和把关才行。因此，如果你很喜欢这样的房子，那么就好好学习吧，争取在未来的世界里建造这样一座特殊的房子。

3.快捷的建筑设计——建筑中的计算机应用

计算机已经被广泛应用到建筑设计和施工管理当中，成为设计师和建筑师的得力助手。那么，计算机是如何在建筑业中充当帮手的呢？

计算机能够帮助设计师在设计的时候预先展示模拟的图景，能够直观地看出所设计的建筑效果，也能够帮助设计师进行小区规划或整个城镇的远景规划，并且通过可视化技术对小区或整个城镇的发展预先展示，以便在不足的地方进行改进，促使工程的顺利进行。

在建筑领域中，计算机主要是用来进行结构设计的。以前人们都是通过手工来绘制图纸，不仅精确度不高，而且还比较容易出现错误，修改的时候也不方便。但是，运用计算机来绘制结构图，不仅速度快、精确度高，而且还能直接地告诉我们哪一种结构比较好，哪一种结构布置更合理。另外还能准确地计算出每一个部位的承受能力有多大、超过多大的压力会产生变形、需要多大的截面尺寸等，这些在建筑上都是非常重要的。

由此我们可以看出，电子计算机的出现使结构设计工作发生了很大的变化，由传统的手工设计方式转入了由人指挥、计算机执行的现代化方式。它使建筑设

计的对象由小型的、简单的结构，转变成能够分析的、大型的、复杂的结构；它使结构设计工作由速度慢、精度低、易出错，转变成了速度快、精度高、差错少。并且，计算机建筑设计更加经济实惠，更适合研究现代化的建筑，设计的空间更大、更多、更好。

另外，计算机还被应用到建筑机械控制、建筑施工管理当中，使建筑施工的工作更加科学合理化。我们相信，在设计人员和计算机的配合下，建筑行业会越来越好，计算机和建筑业的配合也会越来越好！

第三节 百花齐放——计算机的更多应用

1.物联网

物联网是阿什顿教授最早提出来的，是基于互联网、传统电信网等信息承载体，让所有能够被独立寻址的普通物理对象实现互联互通的网络，又称为物

联网域名。它把所有技术与计算机、互联网技术相结合，实现物体与物体之间，环境以及状态信息实时的共享，以及智能化的收集、传递、处理、执行。涉及到信息技术的应用，都可以纳入物联网的范畴。

物联网作为一个新经济增长点的战略新兴产业，具有良

好的市场效益,《中国物联网行业应用领域市场需求与投资预测分析报告前瞻》数据表明,2010 年物联网在安防、交通、电力和物流领域的市场规模分别为 600 亿元、300 亿元、280 亿元和 150 亿元。2016 年中国物联网产业市场规模达到 3500 亿元。

物联网专业是一门交叉学科,涉及计算机、通信技术、电子技术、测控技术等专业基础知识,以及管理学、软件开发等多方面知识。作为一个处于摸索阶段的新兴专业,现在全国各个高校都专门制定了物联网专业人才培养计划。

（1）培养目标

物联网工程专业培养能够系统地掌握物联网的相关理论、方法和技能,具备通信技术、网络技术、传感技术等信息领域宽广的专业知识的高级技术人才。主要学习信息与通信工程、电子科学与技术、计算机科学与技术、物联网导论、电路分析基础、信号与系统、模拟电子技术、数字电路与逻辑设计、微机原理与接口技术、工程电磁场、通信原理、计算机网络、现代通信网、传感器原理、嵌入式系统设计、无线通信原理、无线传感器网络、近距无线传输技术、二维条码技术、数据采集与处理、物联网安全技术、物联网组网技术等知识。

物联网拥有如此庞大的市场需要也刺激了我国广大高校对物联网专业的增设。作为国家倡导的新兴战略性产业，物联网备受各界重视，并成为就业前景广阔的热门领域，该专业主要就业于与物联网相关的企业、行业，从事物联网的通信架构、网络协议和标准、信息安全等的设计、开发、管理与维护，就业口径广，需求量十分大。

（2）应用：智能家居

目前智能家居正逐渐兴起，我国绝大部分传统厂商比较缺乏的是软硬结合的开发实力，因此需要在"技术"方面多下功夫。

长远来看，做好"服务"是物联网的大势所趋。包括以下几个方面：

①电商、音乐、社交方面的互联网服务。

②数据运营中心，提供数据存储、筛选、人工智能等服务。

③智慧控制系统，包括 AI、AR、VR、语音识别、手势交互等。

④互联网系统安全，提供通讯、数据存储安全保障。

⑤视频云，提供大数据海量的图像、图片以及图像识别服务。

2. 云概念

云计算是基于互联网的相关服务的增加、使用和交付模式，通常涉及通过互联网来提供动态易扩展且经常是虚拟化的资源。

美国研究院的定义：云计算是一种按使用量付费的模式，这种模式提供可用的、便捷的、按需的网络访问，进入可配置的计算资源共享池（资源包括网络，服务器，存储器，应用软件，服务），这些资源能够被快速提供，只需投入很少的管理工作，或与服务供应商进行很少的交互。

（1）特点

云计算是通过使计算分布在大量的分布式计算机上，而非本地计算机或远程服务器中，企业数据中心的运行将与互联网更相似。这使得企业能够将资源切换到需要的应用上，根据需求访问计算机和存储系统。好比是从古老的单台发电机模式转向了电厂集中供电的模式。

它意味着计算能力也可以作为一种商品进行流通，就像煤气、水电一样，取用方便，费用低

廉。最大的不同在于，它是通过互联网进行传输的。

被普遍接受的云计算特点如下：

① 超大规模。"云"具有相当的规模，通常有几十万台服务器。企业私有云一般拥有数百上千台服务器。"云"能赋予用户前所未有的计算能力。

▲ 网络世界想像图

②虚拟化。云计算支持用户在任意位置、使用各种终端获取应用服务。所请求的资源来自"云"，而不是固定的有形的实体。应用在"云"中某处运行，但实际上用户无需了解、也不用担心应用运行的具体位置。只需要一台笔记本或者一个手机，就可以通过网络服务来实现我们需要的一切，甚至包括超级计算这样的任务。

③ 高可靠性。"云"使用了数据多副本容错、计算节点同构可互换等措施来保障服务的高可靠性，使用云计算比使用本地计算机可靠。

④通用性。云计算不针对特定的应用，在"云"的支撑下可以构造出千变万化的应用，同一个"云"可以同时支撑不同的应用运行。

⑤高可扩展性。"云"的规模可以动态伸缩，满足应用和用户规模增长的需要。

⑥ 按需服务。"云"是一个庞大的资源池，按需购买；云可以像自来水，电，

煤气那样计费。

⑦ 极其廉价。由于"云"的特殊容错措施可以采用极其廉价的节点来构成云，"云"的自动化集中式管理使大量企业无需负担日益高昂的数据中心管理成本，"云"的通用性使资源的利用率较之传统系统大幅提升，因此用户可以充分享受"云"的低成本优势。云计算可以彻底改变人们未来的生活，但同时也要重视环境问题，这样才能真正为人类进步作出贡献，而不是简单的技术提升。

⑧ 潜在的危险性。云计算服务除了提供计算服务外，还必然提供存储服务。但是云计算服务当前垄断在私人机构（企业）手中，而他们仅仅能够提供商业信用。对于政府机构、商业机构（特别像银行这样持有敏感数据的商业机构）对于选择云计算服务应保持足够的警惕。一旦商业用户大规模使用私人机构提供的云计算服务，无论其技术优势有多强，都不可避免地让这些私人机构以"数据（信息）"的重要性挟制整个社会。对于信息社会而言，"信息"是至关重要的。另一方面，云计算中的数据对于数据所有者以外的其他用户云计算用户是保密的，但是对于提供云计算的商业机构而言却是毫无秘密可

言。所有这些潜在的危险，是商业机构和政府机构选择云计算服务，特别是国外机构提供的云计算服务时，不得不考虑的一个重要的前提。

（2）演化

云计算主要经历了四个阶段才发展到现在这样比较成熟的水平，这四个阶段是：电厂模式、效用计算、网格计算和云计算。

（3）应用云物联

"物联网就是物物相连的互联网"。这有两层意思：第一，物联网的核心和基础仍然是互联网，是在互联网基础上延伸和扩展的网络；第二，其用户端延伸和扩展到了任何物品与物品之间，进行信息交换和通信。

物联网的两种业务模式：

① MAI（M2M Application Integration），内部 MaaS。

② MaaS（M2M As A Service），MMO, Multi-Tenants（多租户模型）。

随着物联网业务量的增加，对数据存储和计算量的需求将带来对"云计算"能力的要求：

①从计算中心到数据中心，在物联网的初级阶段，PoP 即可满足需求。

②在物联网高级阶段，可能出现 MVNO/MMO 营运商（国外已存在多年），需要虚拟化云计算技术、SOA 等技术的结合实现互联网的广泛服务。

（4）云安全

"云安全"是指通过网状的大量客户端对网络中软件行为的异常进行监测，获取互联网中木马、恶意程序的最新信息，推送到Server端进行自动分析和处理，再把病毒和木马的解决方案分发到每一个客户端。

（5）云存储

云存储是指通过集群应用、网格技术或分布式文件系统等功能，将网络中大量各种不同类型的存储设备通过应用软件集合起来协同工作，共同对外提供

数据存储和业务访问功能的一个系统。当云计算系统运算和处理的核心是大量数据的存储和管理时，云计算系统中就需要配置大量的存储设备，那么云计算系统就转变成为一个云存储系统，所以云存储是一个以数据存储和管理为核心的云计算系统。

（6）云游戏

云游戏是以云计算为基础的游戏方式，在云游戏的运行模式下，所有游戏都在服务器端运行，并将渲染完的游戏画面压缩后通过网络传送给用户。在客户端，用户的游戏设备不需要任何高端处理器和显卡，只需要基本的视频解压能力就可以了。未来，你可以想象一台掌机和一台家用机拥有同样的画面，家用机和我们今天用的机顶盒一样简单，甚至家用机可以取代电视的机顶盒而成为互联网时代的电视收看方式。

（7）云计算与大数据

▲ 云计算与大数据

从技术上看，大数据与云计算的关系就像一枚硬币的正反面一样密不可分。大数据必然无法用单台的计算机进行处理，必须采用分布式计算架构。它的特色在于对海量数据的挖掘，但它必须依托云计算的分布式处理、分布式数据库、云存储和虚拟化技术。

（8）技术

①编程模式。

②海量数据分布存储技术。

③海量数据管理技术。

④虚拟化技术。

⑤云计算平台管理技术。

2014 中国国际云计算技术和应用展览会于 2014 年 3 月 4 日在北京开幕，工信部软件服务业司司长陈伟在会上透露，云计算综合标准化技术体系已形成草案。

工信部要从五方面促进云计算快速发展：

一是要加强规划引导和合理布局，统筹规划全国云计算基础设施建设和云计算服务产业的发展。

二是要加强关键核心技术研发，创新云计算服务模式，支持超大规模云计算操作系统、核心芯片等基础技术的研发推动产业化。

三是要面向具有迫切应用需求的重点领域，以大型云计算平台建设和重要行业试点示范、应用带动产业链上下游的协调发展。

四是要加强网络基础设施建设。

五是要加强标准体系建设，组织开展云计算及其服务的标准制定工作，构建云计算标准体系。

3. 自媒体

自媒体是由谢因波曼与克里斯威理斯联合提出的，又称"公民媒体"或"个人媒体"，是指私人化、平民化、普泛化、自主化的传播者，以现代化、电子化的手段，通过网络向不特定的大多数或者特定的单个人传递规范性及非规范性信息的新媒体的总称。自媒体平台包括：博客、微博、微信、百度

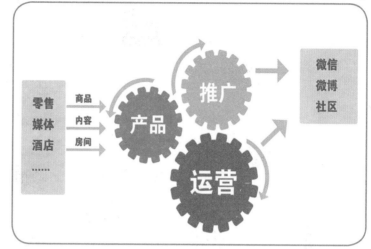

官方贴吧、论坛/BBS、Facebook 等网络社区。

自媒体是由普通大众独立主导的信息传播活动，由传统的"点到面"的传播，转化为"点到点"的一种对等的开放式的传播概念。同时，它也是指为个体提供信息生产、积累、共享、传播内容兼具私密性和公开性的信息传播方式。这里的人们不再接受"被一个统一的声音主宰"，每一个人都能从独立获得的资讯中，对事物做出自己的判断，谁都可以是导演、播音主持、演员，也可以是观众，分享和共享成为主流。

自媒体传播速度之快、使用范围之广、受众群体之多、形式内容之阔，对传统媒体形成强大的威慑力，从根本上说在于其传播主体的多样化、平民化和

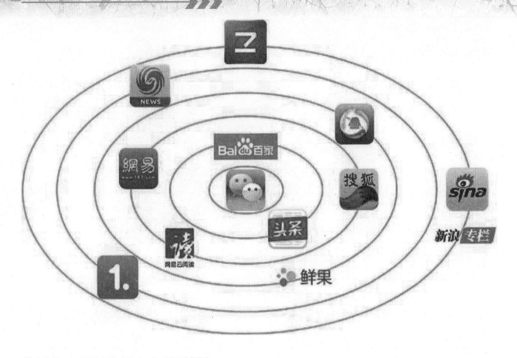

普泛化，草根阶层也有了话语权。

因为自媒体的内容没有既定的核心，想到什么就写什么，看到什么就拍什么，或者对一事一物、一个电影、一个电视剧、一本书、一个观点、一种现象等进行讨论，只要觉得有价值的东西就分享出来，不需要考虑太多人的感受（只要不违反法律），所以看一些优秀的自媒体文章、视频、照片就是一种享受。

其特点就是：平民化，个性化；低门槛，易操作；交互强，传播快。

得益于数字科技的发展，没有空间和时间的限制，我们任何人都可以经营自己的"媒体"，信息能够迅速地传播，时效性大大地增强。作品从制作到发表，其迅速、高效，是传统的电视、报纸媒介所无法企及的。自媒体能够迅速地将信息传播到受众中，受众也可以迅速地对信息传播的效果进行反馈。自媒体与受众的距离为零，其交互性的强大是任何传统媒介望尘莫及的。

自媒体平台包括但不限于个人微博、个人日志、个人主页等，其中最有代表性的托管平台是美国的 Facebook 和 Twitter，中国的 QQ 空间、新浪微博、腾讯微博、微信朋友圈、微信公众平台、人人网、百度贴吧等。

事物都是一分为二的，当然自媒体也不例外，它也有不足之处。主要包括：可信度低；良莠不齐；随意性大；法律滞后。

自媒体在整个市场当中还是相对火热的，但是和火热的自媒体整体市场相比，竞争也很大，内容、运营、定位是做好自媒体的三个关键点。能"面面俱到"的自媒体少之又少，随着自媒体的发展，细化是必然的结果，所以，给自媒体自身的定位是非常关键的，包括内容定位、传播定位、读者定位等。

要让读者记住某个平台几百个自媒体的名字，或者让读者订阅几百个自媒体的账号是不可能的，自媒体之间是存在隐形的竞争的，平台的竞争、读者的竞争、上头条的竞争源于自媒体自身，结果也因自媒体而变。

自媒体如何运营，需要注意搭建平台、吸引读者、双向互动等问题。

搭建平台：

公众平台和自媒体人是共生关系，平台需要自媒体的好内容，自媒体需要平台将内容散播出去。

吸引读者：吸引公众号所能影响到的读者，并逐渐将其转化为深度读者。

双向互动：和读者互动要诚实，谦虚，认真，勤劳，公正，客观，实事求是。

自媒体运营者的核心是自媒体的内容。自媒体将自己的信息、价值、理念传播出去，靠的是有创新思维的内容，而文字、视频、音频等介质均为载体。

图片授权

全景网

壹图网

中华图片库

林静文化摄影部

敬　启

　　本书图片的编选，参阅了一些网站和公共图库。由于联系上的困难，我们与部分入选图片的作者未能取得联系，谨致深深的歉意。敬请图片原作者见到本书后，及时与我们联系，以便我们按国家有关规定支付稿酬并赠送样书。

　　联系邮箱：932389463@qq.com